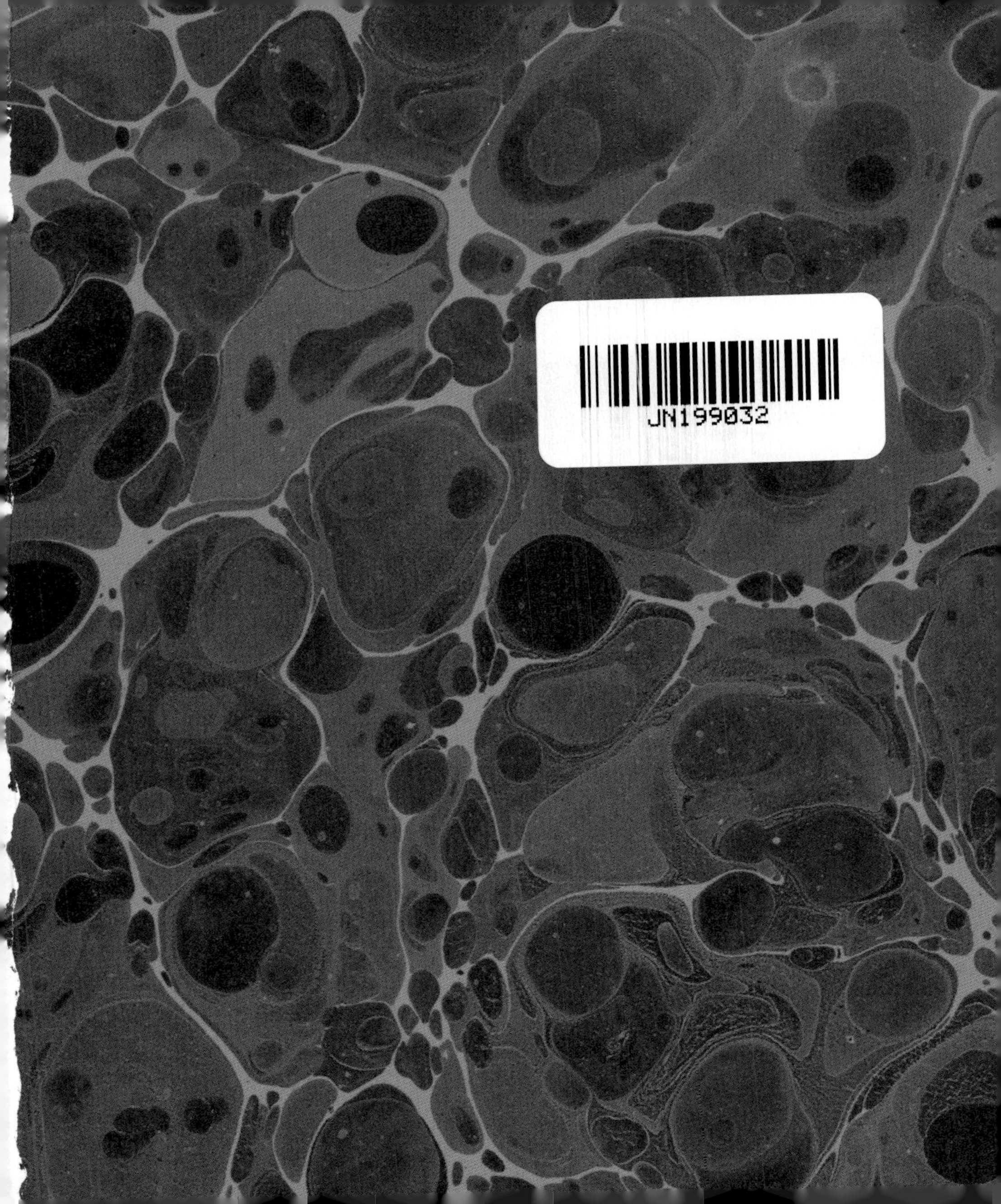
JN199032

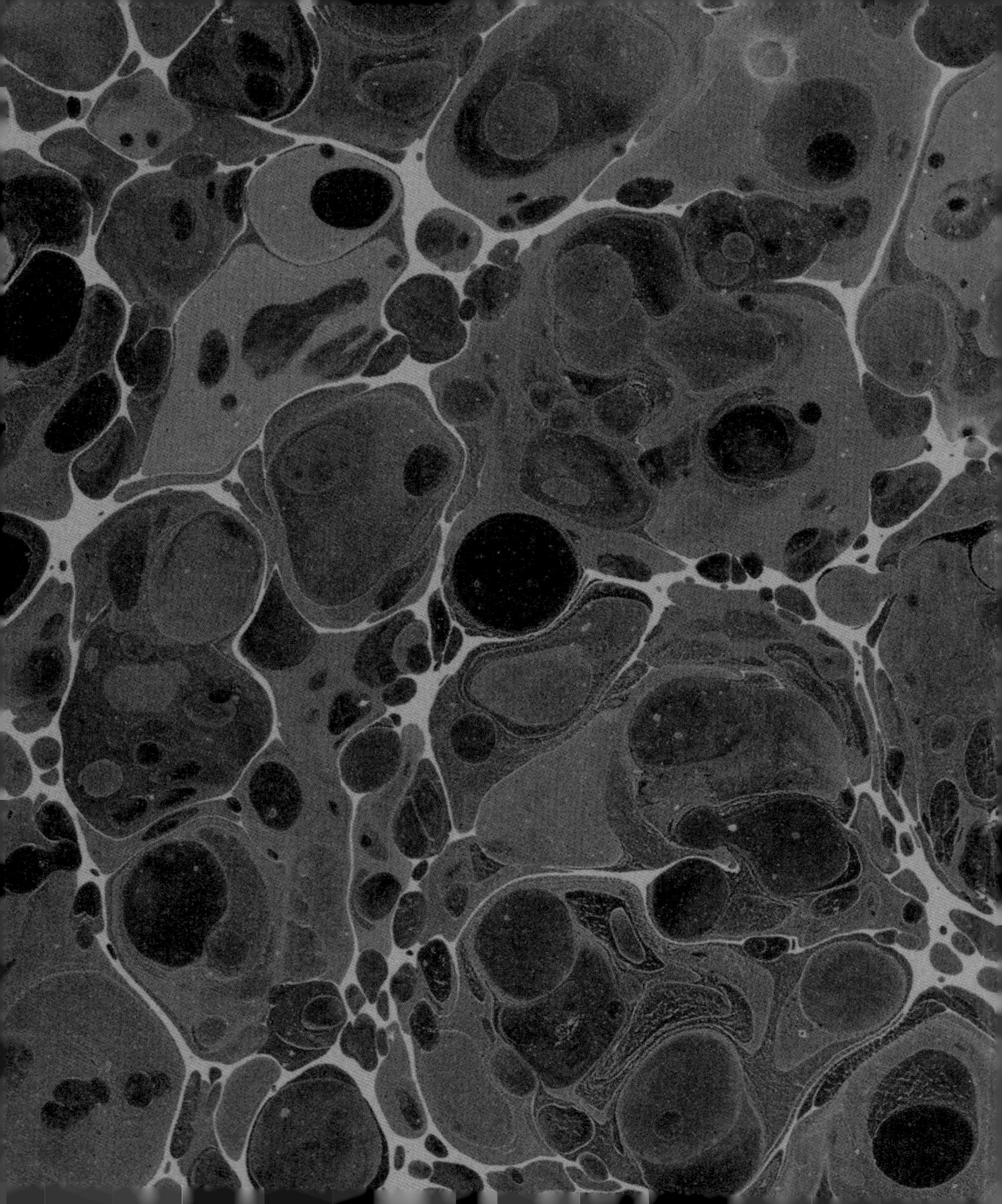

絶滅生物図誌

ぜつめつせいぶつずし

著…チョーヒカル
文…森乃おと

雷鳥社

はじめに *Prologue*

他種の絶滅にカタルシスを感じる生き物なんて、きっと人間しかいないでしょう。
昔から絶滅してしまった生物の美しさや奇妙さに惹かれていました。
博物館に行っては化石のレプリカを買い、指を沿わせ、その体節や歯の一つ一つに哀愁を感じたりしていました。時々笑ってしまうような特徴をもっていたり、寓話のモデルになるほど幻想的だったり、見れば見るほど夢中になるものばかりです。二度と出会うことはできない、けれど確かに存在していた生き物たち。いつかの時代では特別強かったり、賢かったり、美しかったりしたはずなのに、絶滅してしまった生き物たち。
最初はただ、その美しさを描きたい、絵の中で生き返らせたいという思いで描きはじめました。けれど、絶滅に人間が大きく関わっていること、近代に新しい種が誕生していないこと、そのさまざまな絶滅の理由などを知り、ますます伝えたいと思いました。この生き物たちの姿を、美しさを、物語を。
すでに絶滅した生き物の本はたくさんあります。けれど読んだ人が「ああ、実際に見たかった。会いたかったな」と思えるような、絶滅生物たちに会いに来る気持ちで、大切に何度も読み返したくなるような、そんな本を作りたい。そう思いながら毎日資料を読み、調べ、私なりに一匹一匹に寄り添いながら、描き続けました。そしてたくさんの人の協力により、描きはじめて2年が経った今。とうとう本の形にすることができました。
私たちの世界には今でも、絶滅してしまった生物に負けないくらい美しく、奇妙で、特別な生き物たちがいます。この本の中の絶滅生物たちに思いを馳せながら、今いる生き物たちのことも、一層大切に思ってもらえたら嬉しいです。
さあどうぞ、落ち着ける場所に座って、温かい飲み物でも用意しましょう。
そして絶滅動物のみんなに会いにゆきましょう。

チョーヒカル

CONTENTS

Ⅳ コラム *COLUMNS*

絶滅と進化の歴史

古生代					
カンブリア紀	オルドビス紀	シルル紀	デボン紀	石炭紀	ペルム紀
5億4200万年前	4億8830万年前	4億4370万年前	4億1600万年前	3億5920万年前	2億9900万年前
無脊椎動物の時代		魚類の時代		両生類の時代	
・カンブリア大爆発	・海の生物の多様化	・最古の陸上植物の出現	・魚類の繁栄 ・両生類の出現	・爬虫類、単弓類の出現 ・昆虫の繁栄	・パンゲア超大陸の形成 ・哺乳類の出現 ・三葉虫の絶滅

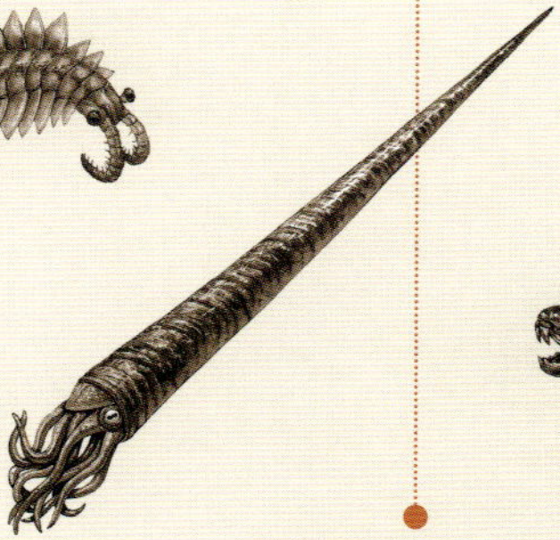

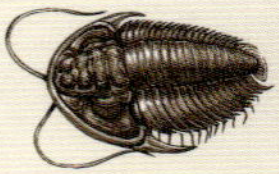

オルドビス紀末の大絶滅

デボン紀末の大絶滅

ペルム紀末の大絶滅

地球は約46億年前に誕生しました。生命の誕生は40億年前。
そして5億年前の古生代カンブリア紀から、爆発的に進化がはじまりました。
5度の大量絶滅を経て、多くの生き物が生まれては消えてゆき、生き残った生物は進化を続けました。

中生代			新生代						
三畳紀	ジュラ紀	白亜紀	古第三紀			新第三紀		第四紀	
			暁新世	始新世	漸新世	中新世	鮮新世	更新世	完新世
5100万年前	1億9960万年前	1億4500万年前	6550万年前	5500万年前	3400万年前	2300万年前	500万年前	258万年前	1万年前
爬虫類の時代			哺乳類の時代						

・人類の時代の到来

・最終氷期の終わり

・アウストラロピテクスの出現

・鳥類、大型哺乳類の繁栄

・恐竜、アンモナイトの絶滅

・パンゲア超大陸の分裂

・恐竜、アンモナイトの繁栄

・始祖鳥の出現

・爬虫類の繁栄

三畳紀末の大絶滅

白亜紀末の大絶滅

※「分布」は化石の発見地

Chapter
I
AQUATIC ANIMALS
水の生き物

アノマロカリス

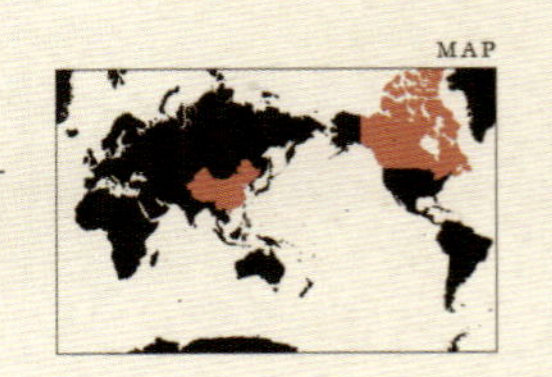

英名：Anomalocaris　学名：Anomalocaris canadensis
分類：不明　生息：カンブリア紀（5億2500万－5億500万年前）
分布：カナダ、中国　全長：60－100cm

カンブリア紀の絶対王者

およそ5億4200万年前、古生代カンブリア紀。海のなかで突然、生物が爆発的に多様化し、急激な進化をとげます。「節足動物」や「軟体動物」、そして「脊索動物」など。現代の生物たちにつながる大きなグループが出そろいました。この現象は「カンブリア大爆発」と呼ばれ、生命史のなかでも最大のイベントです。海には奇想天外な姿をした生き物＝カンブリアモンスターがあふれ、弱肉強食の時代が幕を開けるのでした。
そのなかで、生態系の頂点に立っていた生物が、アノマロカリス。バージェス動物群※の代表的動物で、体長は１ｍを超えます。小型の生物が多かったこの時代、圧倒的な捕食者でした。巨大な眼で獲物を探し、オールのようなヒレを波打たせて素早く泳いでいたようです。名前の意は「奇妙なエビ」。
いまだ分類に諸説あり、「プロブレマティカ（未詳化石）」のひとつです。

※バージェス動物群……カナダ・ロッキー山脈の「バージェス頁岩（けつがん）」と呼ばれる岩から発見された動物化石群のこと。約5億2500万年前のもの。

MORE DETAILS

特徴のひとつは、トゲだらけの２本の触手。触手の根元には、歯がビッシリと並んだ円形の口がありました。口は二重構造になっていて、交互に開閉します。触手でガッチリ獲物を捕らえ、確実に２度噛む。逃げられない最恐の捕食スタイルです。

オパビニア

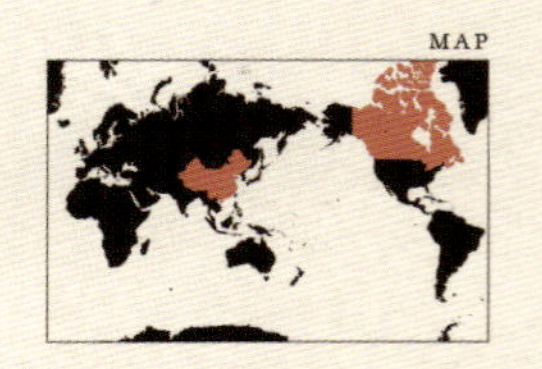

英名：Opabinia　学名：Opabinia
分類：不明　生息：カンブリア紀（5億2500万－5億500万年前）
分布：カナダ、中国　全長：4－7cm

5つの眼（まなこ）とゾウの鼻

オパビニアは、カンブリア紀の海に生息していたバージェス動物群のひとつ。同時代のアノマロカリスが王者ならば、オパビニアは女王といえるでしょう。

体長はアノマロカリスよりはるかに小さく、最大で7cm。女王は、奇妙なカンブリアモンスターのなかでも、特に変な姿をしていました。1972年、学会で最初の復元図が発表された際には、会場から大きな笑いが起き、進行がしばらくストップしたといわれます。

まず奇想天外なのは、頭部の先端からやわらかい一本の触手が、グニャリと伸びていること。触手の先端にはトングのようなギザギザの歯。これで獲物をつかみ、頭部の腹側にある口まで運んでいたようです。まるでゾウの鼻のような役割ですね。細長い胴体は体節に分かれ、その両側にはヒレがありました。これを波打たせるように動かし、泳いでいたといわれます。

「プロブレマティカ（未詳化石）」のひとつですが、獲物を捕らえる触手やヒレのつき方など、アノマロカリスとの類似性が指摘されています。

MORE DETAILS

カンブリア紀に、眼をもつ生物が突然生まれます。捕食するためにも、アノマロカリスのような天敵から逃がれるためにも、眼があれば優位となります。生存競争のなか、オパビニアも5つの眼を発達させ、360度の視野を確保しました。

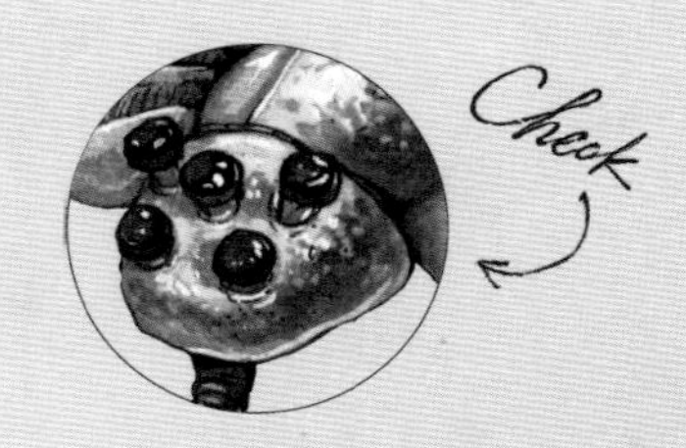

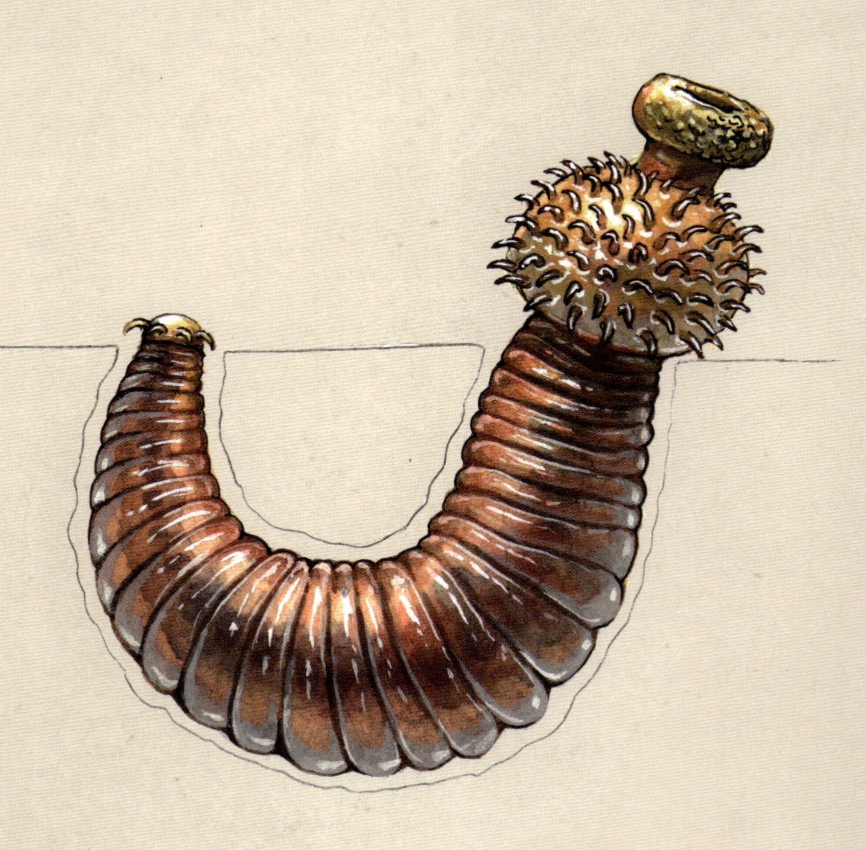

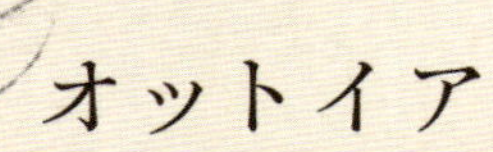

オットイア

英名：Ottoia　学名：Ottoia
分類：鰓曳(えらびき)動物門 オットイア科　生息：カンブリア紀（5億500万年前）
分布：カナダ　全長：2－16cm

悪食なのにキレイ好き？

オットイアもまた、カンブリア大爆発で生まれたバージェス動物群のひとつです。アノマロカリスやオパビニアなどは、子孫を残さず絶滅しました。しかしオットイアの子孫にあたるエラヒキムシは、今でも海に生息しています。
体長は2-16cm。「ちょっと太めのミミズ」といった外見です。本性は獰猛な肉食動物。海底にU字型の穴を掘り、そのなかに身を潜めて獲物を待ち伏せていました。胴体の後ろにはカギ状の突起が8つ並び、穴の壁に自分の身体を引っかけてずれないようにしています。
主食は、ヒオリテスという巻貝に似た殻を持つ軟体動物。とにかく動くものならなんでも襲い、どうやら共食いもしていたようです。
U字形に曲げた後部の端には肛門があり、それを巣穴から突き出してフンを出していました。悪食のわりに、案外きれい好き。トイレ事情にこだわるタイプだったのかもしれません。

MORE DETAILS

頭の先には数十本のトゲが生えたノズルがあり、伸縮自在でした。全身は砂のなかに隠して、このノズルだけを砂の上に出し、獲物が通りかかるとビヨーンと伸ばして、すかさず丸呑みにしていました。

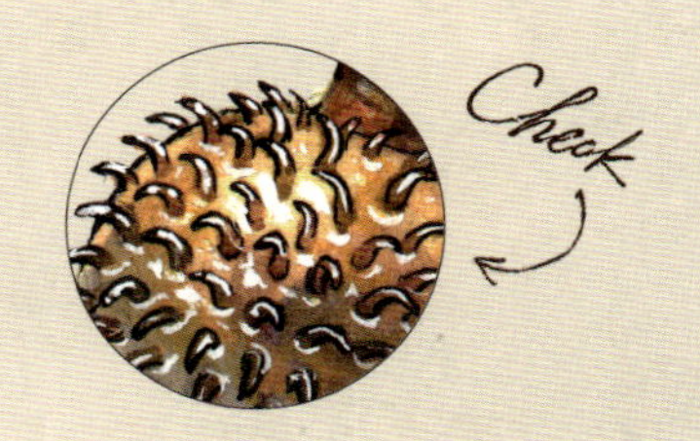

ハルキゲニア

英名：Hallucigenia　学名：Hallucigenia

分類：不明　生息：カンブリア紀（5億2500万－5億500万年前）

分布：カナダ、中国　全長：0.5－3cm

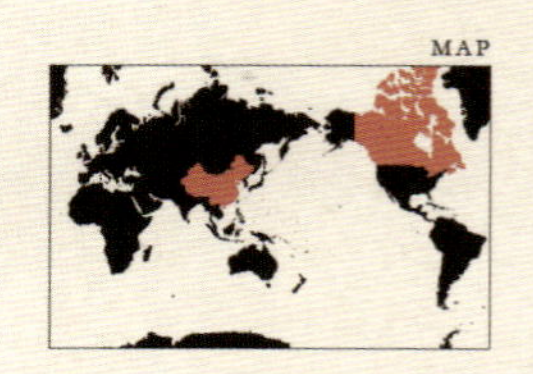

カンブリア紀の海の幻

奇天烈なカンブリアモンスターのなかでも、ひときわ異彩を放つのが、ハルキゲニア。バージェス動物群の代表的生物として、高い人気を誇ります。

体長は0.5-3cmと小型。背中にトゲ状の突起をもち、フニャフニャとしたやわらかい脚の先には、小さな爪がついています。発見当時、あまりに地球上の生物とかけ離れた姿から、現生のどのグループに属するのかもわかりませんでした。そのため、復元図は身体の前後・上下もすべて逆に描かれていたほどです。1997年にようやく復元図は修正され、現在では有爪（ゆうそう）動物門とする説が有力です。さらに2015年、化石から1対の目と小さな歯も発見されました。

学名の“Hallucigenia”はラテン語hallucinatio「夢みごこち、夢想」からの造語。「幻覚が生んだもの」といった意味です。確かにハルキゲニアは、太古の地球が育んだひとときの夢だったのでしょう。

現存している有爪動物は陸に棲むカギムシだけで、海に棲むものは残っていません。

MORE DETAILS

長形の胴体から下方へ逆V字型に伸びた長い脚。その先の爪の上には2－3層のキューティクルが重なっています。そのため、脱皮後に爪が生えそろうのを待つ必要がありません。この特徴は、カギムシの爪とアゴに見られます。

Check

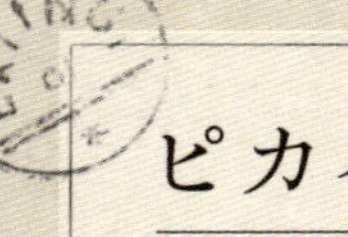

ピカイア

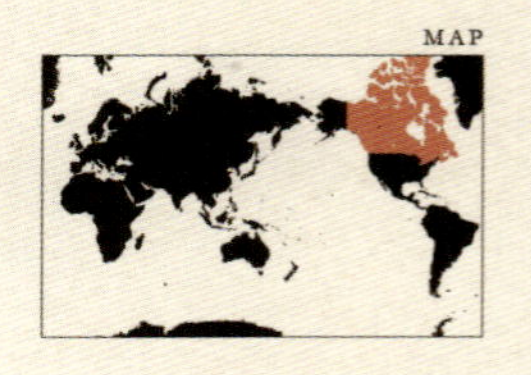

英名：Pikaia　学名：Pikaia

分類：脊索動物門 ピカイア科　生息：カンブリア紀（5億500万年前）

分布：カナダ　全長：4－5cm

芯を通して生きてゆく

ピカイアは、現生のナメクジウオによく似た、体長5cmほどの生き物です。身体を左右にくねらせ、カンブリア紀の海をヒラヒラと泳いでいました。

同じバージェス動物群の仲間には、アノマロカリスやオパビニアといった強烈な捕食者がいます。彼らから身を守るため、硬い外骨格をもつものも生まれていました。そうしたなか、ピカイアの姿はあまりに無防備で弱々しく思われます。実際、恰好の餌食となっていたでしょう。

けれどもピカイアには、大きな特徴がありました。それは、身体の中に「脊索（せきさく）」と呼ばれる一本のやわらかい筋肉の棒が通っていたこと。脊椎＝背骨となる前段階のもので、進化の歴史のなかで、とても重要な器官です。

ピカイアは、脊椎動物の直接的な祖先でこそありません。けれどその近縁のものたちは魚となり、やがては陸にあがり両生類、爬虫類、鳥類、哺乳類、そして私たち人間まで、5億年かけて進化してゆきます。

MORE DETAILS

ピカイアには眼がありませんが、1対の触覚がありました。明るい・暗い程度ならば、判別する知覚があったかもしれません。その下には何対かの突起物がありますが、これが魚のもつエラへと進化した可能性があります。

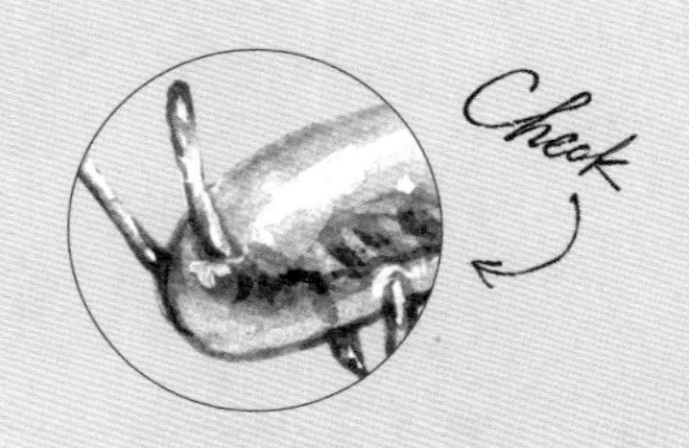

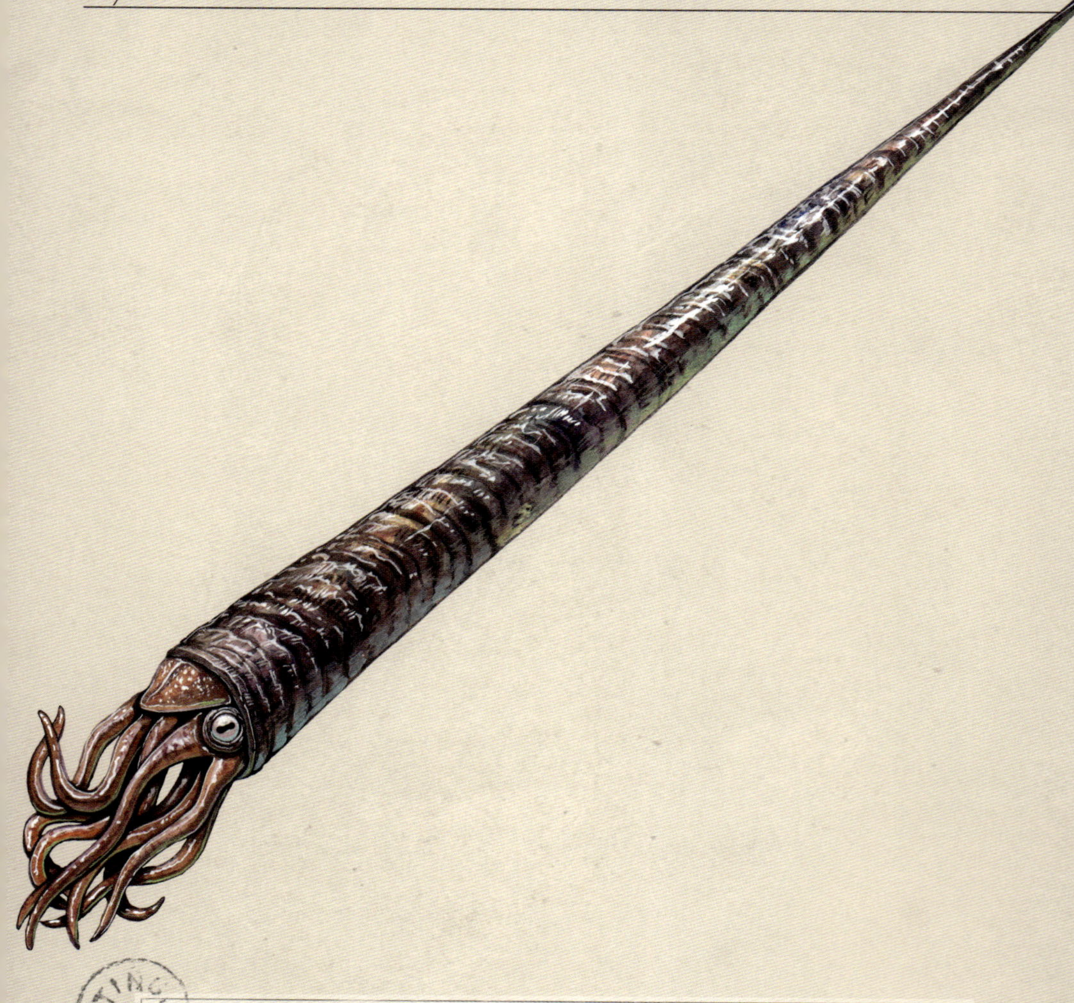

カメロケラス

英名：Cameroceras　学名：Cameroceras

分類：頭足綱 エンドセラス目 エンドセラス科

生息：オルドビス紀（4億8830万年－4億4370万年前）

分布：北米　全長：10－11m

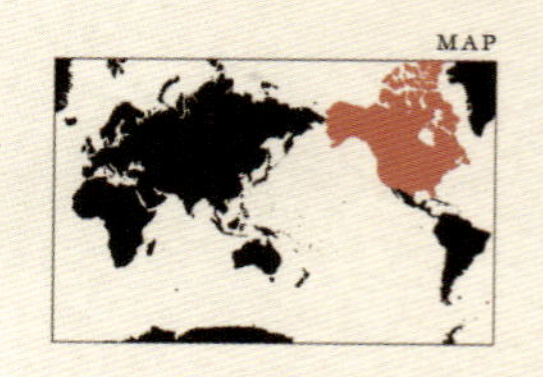

トンガリ帽子の肉食ハンター

オルドビス紀は、前のカンブリア紀と同じく、生物の多様化が進んだ時代です。海でもっとも繁栄していたのは、チョッカクガイの仲間でした。オウムガイの先祖で、イカやタコと同じ頭足類です。ただ、オウムガイとは違って殻は渦を巻きません。細長い円錐状に、名前の通りまっすぐ成長していきます。

今でこそオウムガイは、エビや魚の死体を食べて、ひっそりと生きています。しかしこの時代には、凶暴な肉食ハンターとして生態系の頂点に立っていました。そのなかでもっとも巨大だったのがカメロケラスで、体長11mにも達します。獲物は三葉虫やウミサソリ、原初の魚アランダスピス(28P)など。タコやイカは、現代でも賢くて獰猛なハンターです。それがこんなにも巨大だったのですから、どんなに恐ろしい捕食者だったことでしょう。一世を風靡したカメロケラスでしたが、オルドビス紀の終わりに起きた、1回目の大量絶滅※で滅んでしまいます。約4億4370万年前のことでした。

※ 大量絶滅 …… ある時期に多種類の生物が同時に絶滅すること。生命史において、特に規模の大きな5つの大量絶滅を「ビッグ・ファイブ」と呼ぶ。

MORE DETAILS

腕や頭部といった軟体部がどうなっていたのかわかっていませんが、子孫のオウムガイに似たものだったと思われます。ただし、オウムガイには脚が90本ありますが、カメロケラスはイカと同じ10本です。

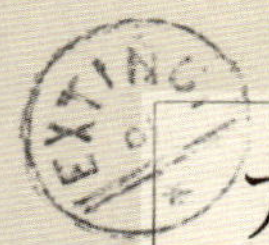

アランダスピス

英名：Arandaspis　学名：Arandaspis

分類：無顎上綱（むがくじょうこう） 翼甲目（よくこう） アランダスピス科

生息：オルドビス紀（4億8830万年－4億4370万年前）

分布：オーストラリア　全長：15－20cm

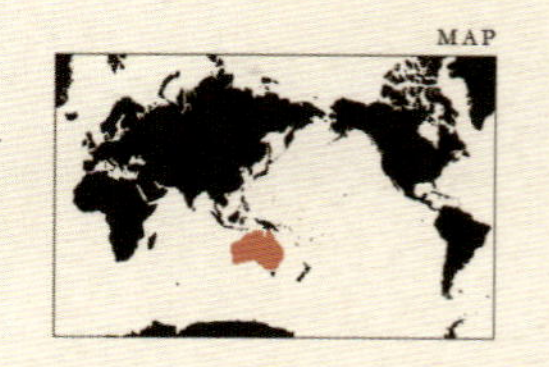

カブトを被った最初の魚

アランダスピスは、もっとも初期の魚のひとつ。約4億8000万年前、オルドビス紀に現れました。まだアゴをもたない、原始的な「無顎（むがく）類」の仲間です。

体長は最大で20cmほど。体の表面が骨格化し、頭部から胴体の半分が、カブトのような硬い骨質板で覆われています。こうした魚を甲冑（かっちゅう）魚」といいます。後ろの半身もまた、ウロコで覆われています。胸ビレはなく、尾ビレらしきものがあるだけでした。これではうまく泳げません。アランダスピスは水の流れに身を任せ、ノロノロと海底を移動していたと思われます。

当時、海の王者は、巨大なオウムガイの仲間でした。アランダスピスは恰好の餌食。強いアゴで、バリバリとカブトごと噛み砕かれてしまったことでしょう。そのため、ほとんど泥の中に隠れて暮らしていたようです。やがてアランダスピスの子孫たちは、捕食者から逃れるために、海水から淡水へと進出していきます。ここから魚たちの急速な進化がはじまるのでした。

MORE DETAILS

アゴの発達は、脊椎動物の進化における重要な出来事です。アランダスピスはアゴがないため噛む力がなく、下向きについた口で海底の泥を丸ごと吸い込み、微生物を漉しとって食べていました。現生の生物では、ヤツメウナギが無顎類の仲間です。

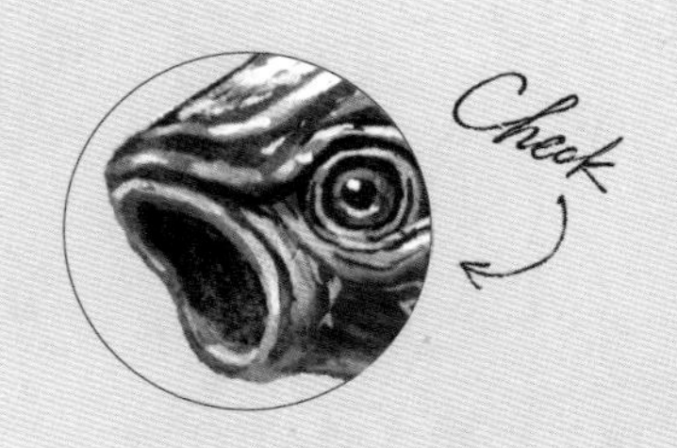

ダンクレオステウス

英名：Dunkleosteus　学名：Dunkleosteus
分類：板皮綱（ばんぴ） 節頸目（せっけい） ディニクティス科
生息：デボン紀（4億1600万年－3億5920万年前）
分布：北米、北アフリカ　全長：5－10m

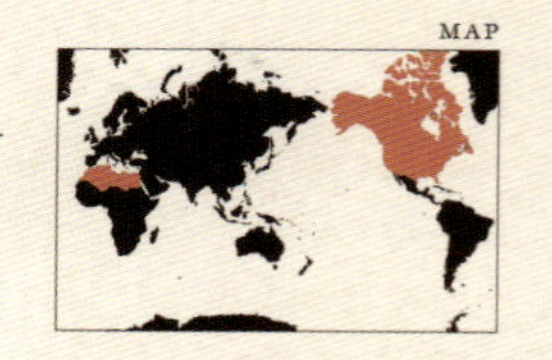

海を支配した鉄仮面

約4億1600万年前から3億5000万年前。デボン紀の海では大いに魚類が繁栄したため、「海の時代」とも呼ばれます。そのなかでもっとも強くて大きい生き物が、ダンクレオステウスでした。
ダンクレオステウスは甲冑魚の仲間で、頭部が鉄仮面のような硬い骨板で覆われています。大きく開く強靭なアゴをもち、その噛む力は5t以上。そのアゴを武器にして、硬い殻を持つオウムガイやウミサソリなどを襲って捕食していました。ついに魚類は、かつての天敵の王座を奪ったのです。
絶対強者のダンクレオステウスですが、遊泳能力は決して高くありません。浮き袋をもたず、重い装甲板に覆われていたため、海底をゆっくりと移動していたのでしょう。栄華は長く続かず、デボン紀末の大量絶滅によって滅びました。高い遊泳力で獲物を追い回すサメが出現し、彼らとの生存競争に勝つことができなかったともいわれています。
ダンクレオステウスは頭部の化石しか発見されておらず、身体の後半部がどうなっていたのかは、いまだ不明です。

MORE DETAILS

ダンクレオステウスの鋭い歯牙に見えるもの。実際には、突き出たプレート状のアゴの骨です。そのため獲物を細かく噛み砕くことができません。肉は丸呑みにして、消化できない皮や骨などを吐き出していました。その痕跡の化石も発見されています。

ヘリコプリオン

英名：Helicoprion　学名：Helicoprion
分類：軟骨魚綱　エウゲネオドゥス目　アガシゾドゥス科
生息：石炭紀後期－三畳紀前期（3億－2億5000万年前）
分布：日本、ロシア、北米　全長：3－4m

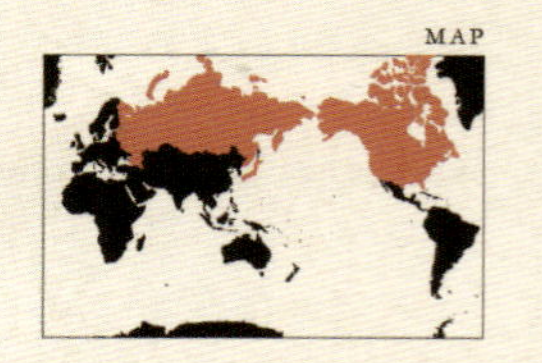

ミステリアスな渦巻く歯

ヘリコプリオンは、謎のサメです。今から3億－2億5000万年前。石炭紀の終わりから三畳紀にかけての海を泳いでいたことは確かです。でも、どんな姿だったのかはわかっていません。ピザカッターのような奇妙な歯の化石以外、なんの手がかりも残されていないからです。

サメの歯は、通常2－3日ごとに交換され、古い歯は抜け落ちていきます。そのためサメの歯は化石としてよく産出されるのですが、ヘリコプリオンの歯列は不思議なことに、アンモナイトの殻のように、渦を巻いているのです。

そもそもこの歯は、身体のどの部分についていたのか。鼻の先端？背びれ？それとも尾びれ？…… 人々は長らく頭を悩ませました。発見から100年以上たち、ようやく下アゴの底辺部にあったことはわかりました。けれども、歯は下アゴから外向きに巻いていたのか、それとも内向きだったのか。いまだ決着はついていません。

なんにせよこの歯は、硬い殻をもつアンモナイトや三葉虫を切断するのに使われたと考えられています。

MORE DETAILS

ヘリコプリオンの歯は、抜け落ちることがありません。奥から新しい歯が生えては螺旋の先端に加わり、古く小さな歯は螺旋の内側に巻き込まれていくのです。この螺旋のなかに、彼らが生まれてから死ぬまでの、すべての歯が収められています。

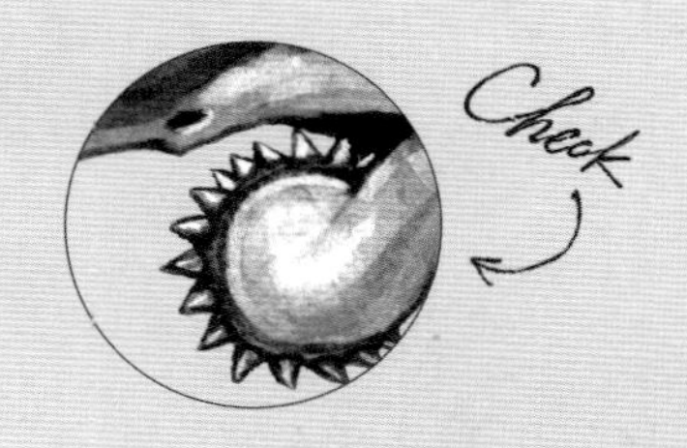

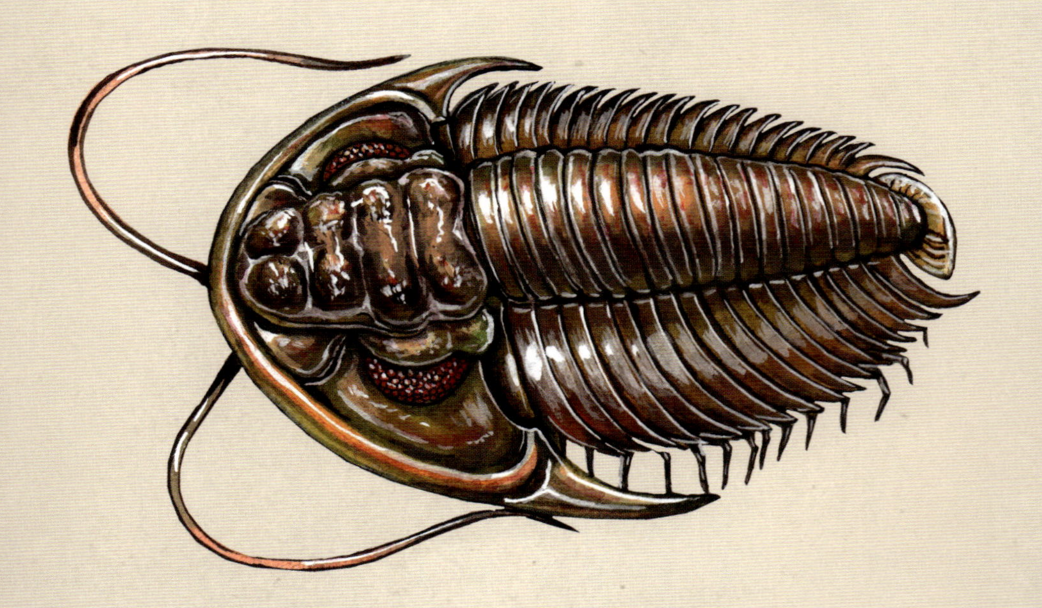

サンヨウチュウ

英名：Trilobita　学名：Trilobita

分類：節足動物門　三葉虫綱

生息：カンブリア紀－ペルム紀（5億4200万年－2億5100万年前）

分布：世界中　全長：3－60cm

3億年を生き抜く世渡り上手

三葉虫は、今からおよそ5億4200万年前、古生代カンブリア紀のはじめに出現した節足動物です。そしてオルドビス紀、シルル紀、デボン紀、石炭紀、ペルム紀まで。古生代6つの時代をまたいで約3億年、海に生息していたのです。これはもう、生物の歴史のなかで、もっとも繁栄に成功した種のひとつではないでしょうか。

発見された化石は1万種以上にものぼり、アンモナイトと並んで「示準化石」※として扱われています。なにしろ3億年も海の中で生きていたのですから。時代ごとにさまざまに進化し、泳ぎが得意だったものやカタツムリのような眼をもつもの、全身トゲだらけのものなど、たくさんの種 があることでも有名です。

大いに繁栄した三葉虫だったのですが、約2億5000万年前に起きたペルム紀末の大量絶滅で滅び、古生代の終わりとともに海から消えてゆきました。

※示準化石 ……地層の時代がわかるという化石のこと。

MORE DETAILS ………………………………………………

三葉虫の身体は、2つの溝によって縦方向に3分割され、左右の側葉と中軸に分かれます。また頭部、胸部、尾部の3部位にも分けることができます。胸部には数十の体節があり、それぞれの節から1対の脚が生えていました。

EXTINCT

ディプロカウルス

英名：Diplocaulus　学名：Diplocaulus

分類：両生綱　ネクトリド目　ケラテルペトン科

生息：ペルム紀（2億9900万年－2億5100万年前）

分布：北米　全長：60－90cm

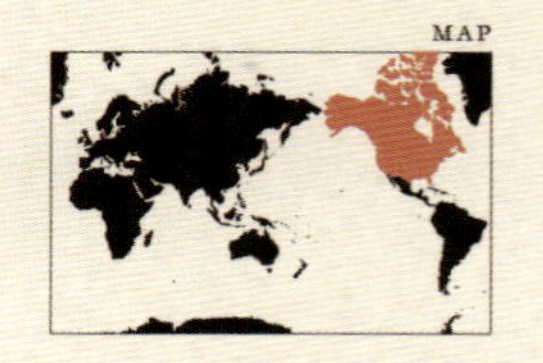

川底のブーメラン頭

「こんな変な生き物、見たことがない！」。そう思ってしまう古代生物のなかでも、ひときわ面白いのがディプロカウルス。ペルム紀（2億9900万年－2億5100万年前）に生息していた両生類です。
全長１ｍほど。特徴は、頬の部分が平たく大きく出っ張っていることです。なぜ、こんなブーメランのような形の頭をしているのでしょう？天敵から捕食されないために、頭部が発達したという説もあります。また、水中を泳ぐときに、翼のように使ったとも。ディプロカウルスの頭は、幼いころはごく普通の形をしています。本来は小さな２つの骨が、成長につれて長く伸びていき、最大で30㎝ほどにもなるのです。案外、異性への性的ディスプレイだったのかもしれません。
サンショウウオやカエルの仲間、あるいは先祖といわれています。平らな身体や長い尾、小さな手足は水中生活に適しています。

MORE DETAILS

ディプロカウルスの手足は貧弱で、陸上生活には向いていません。眼球が頭の上に２つ並んで位置していることから、川底を這って過ごしていたのでしょう。泥のなかに潜んで獲物を待ち伏せていたのかもしれません。

ヘノドゥス

英名：Henodus　学名：Henodus
分類：爬虫綱　板歯目　ヘノドゥス科
生息：三畳紀後期（2億2800万年－1億9960万年前）
分布：ドイツ　全長：約1m

私はカメではありません

ヘノドゥスは、一見カメのようですが、カメではありません。系統的には、カメよりもプレシオサウルス※などの首長竜に近く、水生の爬虫類です。
生息していた時期は、およそ２億年前、三畳紀後期。海ではなく汽水や淡水の湖に棲む珍しい板歯（ばんし）類でした。空気呼吸のため陸にあがることもありましたが、その弱い手足での歩行は、困難だったでしょう。
ヘノドゥスは背中と腹部を完全に甲羅で覆い、天敵から身を守っていました。全体的に平べったい姿をしており、四角い甲羅は手足を超えて広がっていました。その幅は普通のカメの２倍もあります。
甲羅はカメよりも多くの骨パーツで構成され、モザイクパターンとなっています。口の両端には鋭い牙が２本あり、それで貝を噛み砕いて食べていたとされています。歯は上下のアゴに左右ひとつずつ。食物を濾過して摂取していたのかもしれません。

※プレシオサウルス……代表的な首長竜で、未確認生物ネッシーのモデル。

MORE DETAILS

目のすぐ先にクチバシがあり、その先端が角ばっていて、頭部全体が四角形に見えます。最近の研究では、ヘノドゥスは植物食であったともいわれ、この広いアゴで水底の植物を削り取っていたと指摘されています。

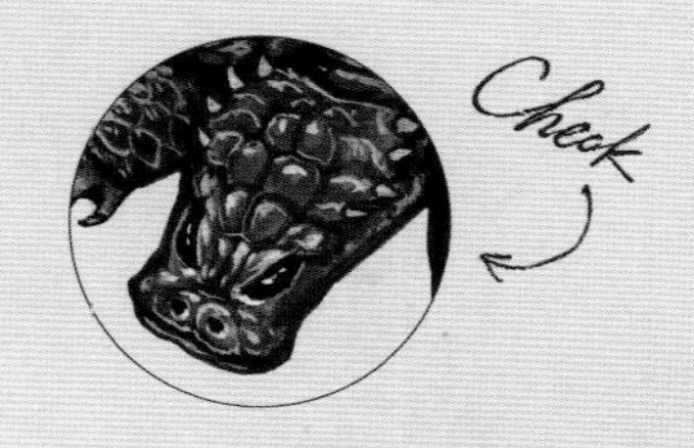

クロノサウルス

英名：Kronosaurus　学名：Kronosaurus

分類：爬虫綱　首長竜目　プリオサウルス科

生息：白亜紀前期（1億4500万年－9900万年前）

分布：オーストラリア、南米　全長：約9m

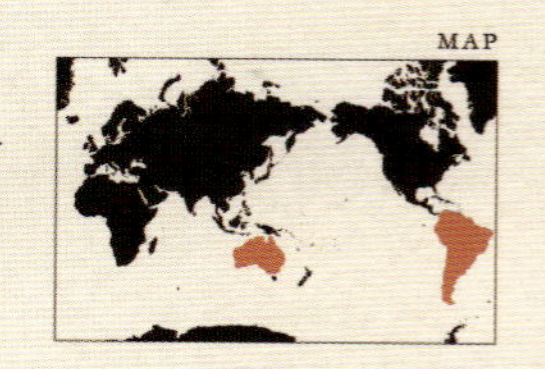

大アゴの海のティラノサウルス

約1億4400万年前から6500万年前の白亜紀。クロノサウルスは、海を支配した大型の首長竜です。よく誤解されるのですが、首長竜は恐竜ではありません。その名の通り、「首が長くて頭が小さい」ものがほとんどですが、クロノサウルスは「首が短く頭が大きい」グループに属します。体長が9mなのに頭骨は3m。なんともアンバランスな姿です。

名前の由来は、ギリシャ神話の巨人族の王クロノス。最高神ゼウスの父で、息子たちを次々に頭から食らいました。クロノサウルスもまた、鋭い歯の並んだ強力なアゴで、獲物を噛み砕いては食らったのでしょう。胃の内容物の痕跡から、ほかの首長竜やウミガメを捕食していたことが判明しています。

胴体には1m近いサイズの、オールに似たヒレ脚が4本。これを使って水中を、高速で自由に泳いでいたといわれています。

この海の王者も、有名な白亜紀末の大量絶滅によって滅んでしまいました。

MORE DETAILS

同時代、陸の王者がティラノサウルスなら、海に君臨していたのがクロノサウルス。大きなアゴをもち、口の中には最大25cmにもなる鋭い歯が並びます。噛み砕く力はティラノサウルスの数倍だったといわれています。

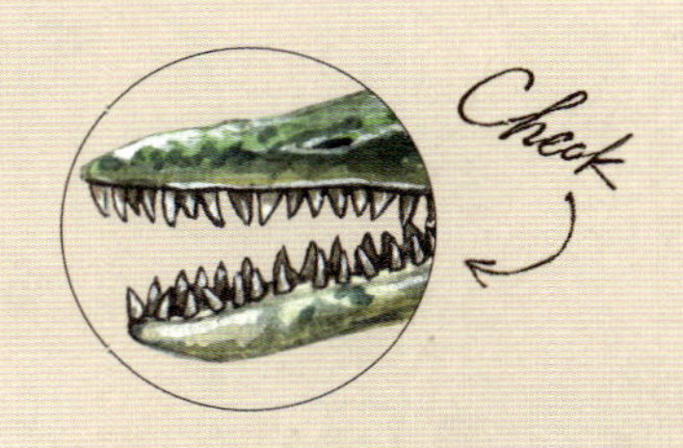

アンモナイト

英名：Ammonite　学名：Ammonoidea

分類：頭足綱　アンモナイト亜綱

生息：シルル紀末－白亜紀末（4億2000万年－6550万年前）

分布：世界中　全長：1－200cm

神秘の美しき螺旋体

アンモナイトは、世界中の海に生息し、年代ごとにさまざまな種が繁栄しました。そのため多くの化石が残されていて、時代区分を確認する示準化石として重要な生物です。
古い時代のものは殻が直線状になっていますが、おおむね巻貝のようにきれいな螺旋を描いています。「アンモナイト」の名は、エジプトの太陽神アモンがもつ、ヒツジの角にちなんで名づけられました。
1万種を超える種が生まれ、最大種のアンモナイト「パラプゾシア・セッペンラデンシス」は殻の直径が2mを超えました。
古生代シルル紀から中生代白亜紀の7つの時代にかけて、約3億5000万年もの間を生き続けてきたアンモナイト。彼らはみな白亜紀末の大量絶滅により、恐竜と同時期に滅んでしまいました。発見される化石は殻のみで、アンモナイトたちが実際どんな姿をしていたのかは、現在でも神秘のベールに包まれています。

MORE DETAILS

アンモナイトの殻の内部は、いくつもの部屋に区切られています。
また、殻の内部いっぱいに軟体部が詰まっているわけではなく、
一番手前の部屋にしか入っていません。そこが巻貝とは違います。

EXTINCT

パキケトゥス

英名：Pakicetus　学名：Pakicetus
分類：哺乳綱 鯨偶蹄目(くじらぐうてい) パキケトゥス科
生息：始新世初期（5300万年前）
分布：パキスタン　全長：約1.8m

ヒヅメをもったクジラの祖先

クジラの仲間は哺乳類で、祖先はもともと陸上で暮らしていました。現在わかっている限りで、もっとも古いクジラの祖先は、パキケトゥス。その化石は、約5200万年前の地層から発見されています。

体長は1.8mほどで、長い尾が特徴的でした。全身は毛で覆われ、口先が長く、見た目は「やや耳が小さめのオオカミ」。もちろんイヌ科とは縁遠く、しっかりとした四肢とヒヅメをもつ、肉食の有蹄（ゆうてい）類でした。ちなみに現生の陸上動物でクジラにもっとも近いのは、カバです。

パキケトゥスは水辺や陸上で大半を過ごしつつも、魚を獲るために川などに潜っていたと考えられています。その生活は今のアシカやアザラシに似ていたのではないでしょうか？

眼の位置が高いことから、泳ぎながら水面から外の様子をうかがうことができたようです。指の骨は長く、指の間に水かきがあった可能性もあります。

MORE DETAILS

クジラの仲間の最大の特徴は、分厚い耳骨（じこつ）。耳骨は頭骨から隔離され、宙づり状態になっています。そのため水中で頭蓋骨に伝わる振動をとらえ、音を聴き取ることができます。パキケトゥスの耳骨も、不完全ながらこの特徴をもっています。

ステラーダイカイギュウ

英名：Steller's Sea Cow　学名：Hydrodamalis gigas
分類：哺乳綱　ジュゴン目　ダイカイギュウ科　絶滅：1768年
分布：北太平洋・ベーリング海　全長：7－8m

優しい獣は、はやく死ぬ

ステラーダイカイギュウは、かつて北太平洋のベーリング海に生息していました。潜水は苦手で背を海面に出して浮かび、昆布などの海藻を食べ、のんびりと暮らしていました。もともと個体数は少なく、1741年の発見当時には約2000頭と報告されています。

肉は子牛に似ておいしく、脂肪はランプの燃料となる。分厚い皮は質の高い靴やベルトに利用できる──。そう聞きつけたハンターたちは、続々とベーリング海を目指しました。

動きが鈍く無防備なステラーダイカイギュウは、襲われてもただ海底にうずくまることしかできません。しかも彼らは心優しく、傷ついた仲間を助けようと集まってきました。その習性さえハンターたちにとっては、好都合だったのです。

そして1768年、「カイギュウが2、3匹残っていたので殺した」という記録を最後に絶滅しました。ステラーダイカイギュウは現在、大英博物館に全身の骨格標本があるだけです。

MORE DETAILS

成獣の歯は、退化してほとんどなくなっていました。上アゴと下アゴの先に、固い角質のクチバシのような板をもち、唇とそのクチバシで、岩についた昆布などを噛みちぎって食べていました。

Check

EXTINCT

チチカカオレスティア

英名：Titicaca Orestias　学名：*Orestias cuvieri*

分類：条鰭(じょうき)綱　カダヤシ目　キュプリノドン科　絶滅：1960年

分布：ボリビア/ペルー・チチカカ湖　全長：22－27cm

MAP

聖なる湖の黄金の魚

ペルーとボリビアにまたがるチチカカ湖は、白人に滅ぼされたインカ帝国の聖なる場所。そこには、インカの財宝が湖底に眠っているという伝説があります。チチカカオレスティアは、この湖にのみに生きる固有種でした。カダヤシ目の仲間は、グッピーなど華やかな体色をもつものが多くいます。チチカカオレスティアもまた、美しい黄金色の魚でした。

絶滅のきっかけは1937年、アメリカ政府がチチカカ湖にレイクトラウト（湖水産のマス）を放流したこと。おそらく現地の人においしい魚を食べさせたいという善意からでしょう。その結果、チチカカオレスティアはエサとなる魚を奪われ、あるいは自身がエサとなり、滅んでいきました。レイクトラウトの放流からわずか10年ほどのことでした。

死者をも蘇らせる聖なる湖、チチカカ湖。その水中を泳いでいたチチカカオレスティアですが、いまだ復活することなく姿を消したままです。

MORE DETAILS

細長い頭部は全長の３分の１にも及び、丸い下アゴからはアーチ状の唇が突き出ていました。体色は緑がかった黄金色。若魚のころはウロコに黒い斑点がありますが、成長につれて消え失せ、鮮やかに輝いたといいます。

イブクロコモリガエル

英名：Southern Platypus Frog　学名：Rheobatrachus silus

分類：両生綱　無尾目　カメガエル科　絶滅：1983年

分布：オーストラリア・クイーンズランド州　全長：3－5.5cm

可愛いわが子は胃袋の中で

「カモノハシガエル」とも呼ばれるこのカエルは、見た目こそ、ほかのカエルと違いはありません。けれども、子どもの育て方が個性的でした。イブクロコモリガエルのオタマジャクシは、誰も見たことがありません。母の胃袋の中でスクスク育ち、手足の生えた立派なカエルとなってから、外の世界へと出てゆくからです。

この貴重なカエルは、再発見された1972年から十数年後に、突然絶滅します。原因は不明ですが、環境悪化とカエルツボカビ症の影響が考えられます。1981年以降、野生での発見例が途絶え、1983年には人間に飼われていた個体が死にました。最後の1匹はオスでした。

2000年代に入って、クローンによる再生をめざす「ラザロ・プロジェクト」が試みられていますが、いずれも胚の初期段階を越えられず、数日で死に至っています。それでも研究者たちは、「いつかきっと甦り、うれしそうに跳ね回る」と夢をつないでいます。

MORE DETAILS

メスは受精した卵を飲み込み、胃袋の中でふ化させました。その間、胃袋は哺乳動物の子宮のような役割を果たし、胃酸による消化活動はとまります。母ガエルは6－7週間後に、カエルとなったわが子たちを口から産み出します。

EXTINCT

オレンジヒキガエル

英名：Golden Toad　学名：Bufo periglenes
分類：両生綱 無尾目 ヒキガエル科　絶滅：1990年
分布：コスタリカ　全長：4－5.5 cm

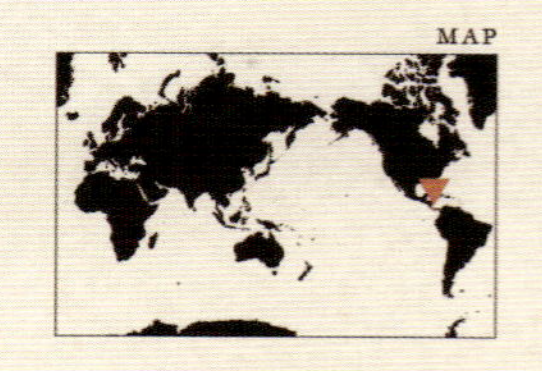

消えたコスタリカの宝石

オレンジヒキガエルは、中米コスタリカの熱帯雨林にのみ生息していた珍しいカエルです。キンイロヒキガエルとも呼ばれます。

オスは鮮やかなオレンジ色に輝き、メスは淡いオリーブグリーンでした。発見されたのは1966年。地中性のカエルで、巣穴から外に出てくるのは繁殖期の数日間だけ。そのひととき、暗い熱帯雨林は金色に染めあげられました。ある研究者はその様子を「オレンジヒキガエルの祝典」と呼びました。

1987年、何千匹というカエルが、盛大に祭典に集まりました。けれども翌年の1988年にはたった11匹。その翌年は1匹だけに。そして1990年。祭典に参加したオレンジヒキガエルはいませんでした。以後「王冠の宝石」とも称えられた彼らの姿は、消えてしまいます。まるで神隠しのように。

あまりにも突然の消滅に、酸性雨や土壌汚染・紫外線量の増加・カエルツボカビ症の流行など、いくつもの説が飛び交いました。けれども、確かな原因はいまだわかっていません。

MORE DETAILS

両生類は環境の変化に弱い生物で、地球温暖化の最初の犠牲者になるのではないかといわれています。水辺と陸との両方の生息環境を必要としていること、皮膚が薄く湿度や気温に敏感であり、有害物質が侵入しやすいことなどが理由です。

EXTINCT

ヨウスコウカワイルカ

英名：Chinese River Dolphin　学名：Lipotes vexillifer
分類：哺乳綱　鯨偶蹄目　ヨウスコウカワイルカ科　絶滅：2006年
分布：中国・揚子江　全長：2－2.7m

長江の女神を探せ

ヨウスコウカワイルカは、淡水に生息するイルカです。中国の揚子江（長江）に棲む固有種。古代から、平和と繁栄を象徴する「長江の女神」として愛されてきました。オスよりメスの方が大きく、体長は最大で2.7 m、体重160kgにも達します。体色は青灰色で、背中から腹部にかけては淡色。眼はほとんど退化して、小さく顔の上部にありました。単独あるいはつがいで行動し、ときには10頭ほどの群れをつくって生活していました。魚を獲るときには、弱い視力の代わりに高度に発達したエコローション※を使いこなしました。

急激な環境変化などの原因が重なり、1980年代はじめには約400頭いた個体数が年々減少。1999年の調査ではわずか4頭しか確認されませんでした。2006年には絶滅を宣言。2016年、保護活動家による目撃情報がありましたが、確実な証拠はいまだ見つかっていません。

※ エコローション……超音波を発して対象物との距離感を測ること。

MORE DETAILS

カワイルカの仲間はすべて、頸椎が融合していないため、首を自由に動かすことができます。伸びたクチバシも特徴のひとつです。ヨウスコウカワイルカもまた、クチバシで川底に潜む魚などを、器用につまみあげました。

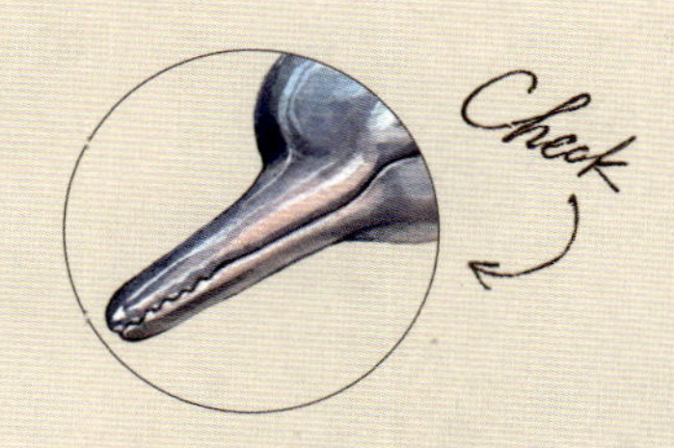

Chapter
II
WINGED ANIMALS
有翼の生き物

EXTINCT

メガネウラ

英名：Meganeura　学名：Meganeura

分類：昆虫綱 オオトンボ目 メガネウラ科

生息：石炭紀末期（2億9000万年前）

分布：フランス、イギリス、北米　翼開長：約70cm

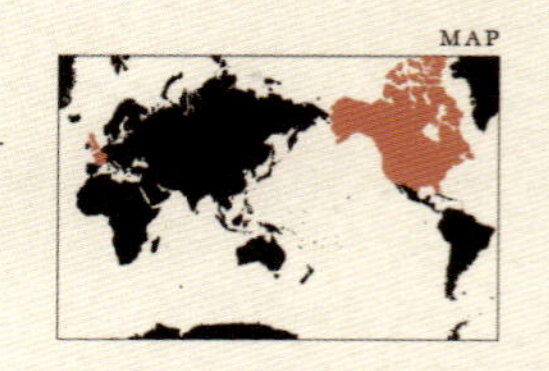

開翅70cmの大トンボ

約3億万年も前の石炭紀。地球は、巨大なシダ植物からなる森林に覆われていました。節足動物は、ほかの生物に先がけて水中から陸にあがり、一部は大型化して空飛ぶ昆虫も現れていました。メガネウラもそのひとつで、羽を広げたときの幅が、なんと約70cm。カラスとほとんど変わらない大きさです。

石炭紀の空は、独特のセピア色をしていたといいます。40mを越えるシダ植物は大量の酸素を放出し、酸素濃度は30%にも上昇していました。昆虫たちは、その豊富な酸素をエネルギー源にして巨大化していきました。この時代、翼竜も鳥も、まだ生まれていません。羽をもつものは昆虫だけで、空は彼らの聖域でした。脊椎動物はまだ、両生類から爬虫類に進化したばかり。小さなトカゲのような生き物でした。

やがてトカゲは空を飛び、鳥の祖先が生まれるころ、飛翔する巨大昆虫は姿を消しました。3億万年後の空を飛んでいるトンボは、小型化することで生き残ったメガネウラの、遠い子孫です。

MORE DETAILS

メガネウラの羽は原始的な構造をしています。現生のトンボのような高い飛翔力はなく、グライダーのように滑空していました。羽を閉じてとまることもできませんが、４枚の羽をそれぞれ動かすことは可能でした。

コエルロサウラヴィス

英名：Coelurosauravus　学名：Coelurosauravus jaekeli

分類：爬虫綱　双弓亜綱（そうきゅうあこう）　ウェイゲルティサウルス科

生息：ペルム紀後期（2億5000万年前）

分布：ドイツ、イギリス、マダガスカル島　全長：40－60cm

ドラゴンは実在した

西洋の空想上の動物ドラゴンは、4本の脚と1対の翼を持っています。そのドラゴンによく似た可愛らしい爬虫類が、大昔に生きていました。ペルム紀（2億9000万年－2億5100万年前）のコエルロサウラヴィスです。体長は40－60cmほど。翼竜や鳥の翼は前脚が変化したものですが、コエルロサウラヴィスは4本の脚とは別に、身体の側面に薄い羽をもっていました。鼻は尖っていて、頭の上にトゲの生えた小さなフリルがありました。樹の上に棲み、羽を広げてグライダーのように滑空し、昆虫を捕らえたり捕食者から逃げたりしていたようです。学名は「中空トカゲの祖父」の意。体重を軽くするために、尾は中空になっていました。

地球史上初の空飛ぶ生物は昆虫でしたが、コエルロサウラヴィスは史上初の空飛ぶ爬虫類でした。ペルム紀末の大絶滅で姿を消し、彼らの系統は残っていません。

MORE DETAILS

現生のトビトカゲに姿も生態も似ていますが、トビトカゲの羽は肋骨が伸びて皮膜を張ったもの。コエルロサウラヴィスの羽は、肋骨とまったくつながっていない独立したものでした。

Check

エウディモルフォドン

英名：Eudimorphodon　学名：Eudimorphodon

分類：爬虫綱 翼竜目 エウディモルフォドン科

生息：三畳紀後期（2億2800万年－1億9960万年前）

分布：イタリア、グリーンランド、北米　全長：約1m

ひし形の尾をした最古の翼竜

三畳紀（約2億5100万年－1億9960万年前）になると、爬虫類の一部は前脚を翼に変えて、空中に進出しました。それが翼竜です。

エウディモルフォドンは、もっとも古い翼竜のひとつとして知られています。歯の生えたクチバシと長い尾をもつランフォリンクス類に属し、翼を広げたときの開長は1m足らずと小型でした。学名は「真の２種類の歯」という意。牙のような歯とギザギザの歯をもち、魚を食べていたと考えられています。

現在、空を飛ぶ動物としては鳥や蝙蝠などがいますが、翼竜はこれよりもはるか昔に出現しました。始祖鳥の登場よりも約3000万年早かったのです。翼竜は、翼を形成している前脚の第４指が異常に長いことが特徴です。この第４指から出ている広い皮膚が胴体とつながり、翼となっていました。

続くジュラ紀には、10mを超えるものも現れましたが、白亜紀末の大絶滅で、すべての翼竜は滅びました。現生の爬虫類で、空を飛ぶことができるものは存在しません。

MORE DETAILS

エウディモルフォドンの特徴は、尾の先にあるひし形の小さな尾翼。これで大きな頭部とのバランスを取っていました。白亜紀には、尾のないタイプが繁栄します。これは頭部の軽量化が進み、尾の必要がなくなったからです。

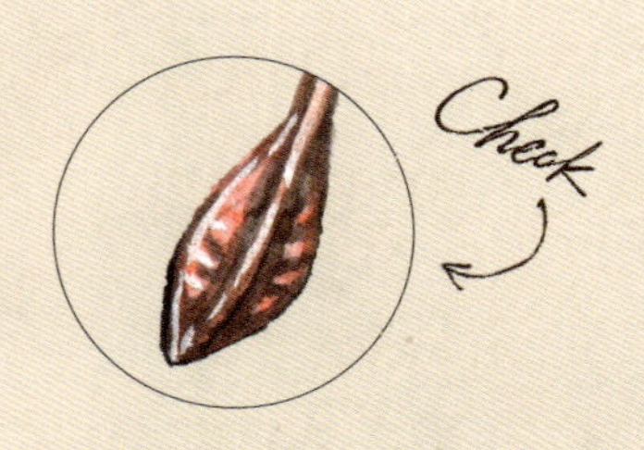

ミクロラプトル・グイ

英名：Microraptor gui　学名：Microraptor gui
分類：爬虫綱　竜盤目　ドロマエオサウルス科
生息：白亜紀前期（1億4550万年－9900万年前）
分布：中国　全長：40－80cm

4枚の翼をもつ羽毛恐竜

約6500万年前。中生代の終わりを告げる白亜紀末の大量絶滅で、大型の恐竜たちは滅びました。けれども翼をもち、飛ぶことのできる小型の恐竜だけは生き残りました。その子孫が鳥なのです。

ミクロラプトル・グイは恐竜と鳥とを結ぶ肉食恐竜で、約1億年前の白亜紀に生きていました。大きさはオウムかカラスほど。全身羽毛に覆われ、四肢は翼となり、細長い尾にも羽が生えていました。

この4枚の翼をどう使って飛んでいたかについては、諸説があります。樹上から滑空したのか。地上からはばたき飛んだのか。翼は青い光沢のある黒色で、日の光を反射して玉虫色に輝いていたようです。手指にはカギ爪が残り、クチバシはありません。アゴには小さくて鋭い歯がついていました。

恐竜の面影を残す優雅な鳥。そんなミクロラプトル・グイですが、決して油断はできません。なにしろ映画『ジュラシック・パーク』で一躍有名になった、あの悪賢くて残忍なヴェロキラプトルの仲間ですから。

MORE DETAILS

ミクロラプトル・グイは後ろ脚にも飛行用の羽があることで、急旋回が可能だったようです。また、その後ろ脚を身体の下に曲げて、複葉機のように翼を上下に並べて飛んでいたともいわれています。

Check

ディアトリマ

英名：Diatryma　学名：Gastornis giganteus

分類：鳥綱　ガストルニス目　ガストルニス科

生息：暁新世（6550万年－5500万年前）

分布：ドイツ、北米　体高：約2m

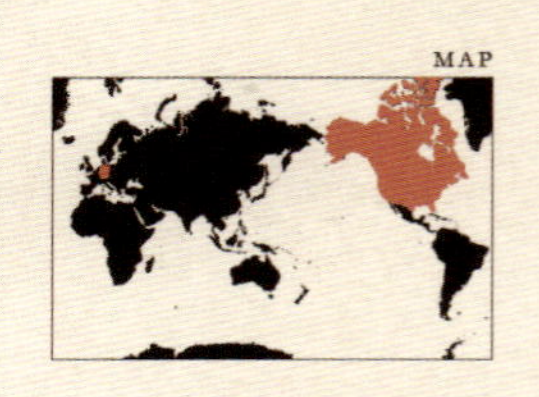

恐鳥の束の間の栄光

6500万年前、中生代は幕を閉じ大型恐竜たちは滅びました。その空白を埋めるように新しく生態系の頂点に立ったのが、ディアトリマ※など恐鳥類と呼ばれる大型の走行性鳥類です。

ディアトリマは体長2m、体重200kg。翼は退化して飛べませんでしたが、強力な脚でとても速く走ることができました。現生のダチョウや、絶滅したジャイアントモアと比べると、身体つきはたくましく、頭とクチバシが不釣り合いなほど大きく、首も太いのが特徴です。

ディアトリマは小型の哺乳類を頑丈な脚で蹴り殺し、大きなクチバシで引き裂いていた獰猛な肉食の鳥だといわれています。しかし近年では、骨のカルシウム分析の結果、実は草食だったという説も唱えられています。

いずれにせよ、登場した肉食哺乳類との生存競争に敗れ、その繁栄は束の間に終わりました。

※……近年、ヨーロッパの恐鳥類「ガストルニス」がディアトリマと同じ種だという説が有力になっています。本稿はそれに従っています。

MORE DETAILS

漫画『風の谷のナウシカ』（宮崎駿原作）では、ディアトリマによく似た「トリウマ」という騎乗用の鳥が登場します。ダチョウの乗り心地は、左右に大きく揺れて決してよくないそうですが、ディアトリマはどうでしょうか。

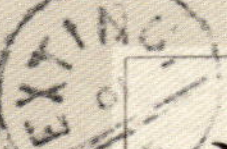

ジャイアントモア

英名：Giant Moa　学名：Dinornis maximus

分類：鳥綱 ダチョウ目 モア科　絶滅：1500年代

分布：ニュージーランド 頭頂高：約3.6m

狩りつくされた史上最大の鳥

ジャイアントモアはニュージーランドにいた飛べない鳥です。頭までの高さが約3.6mで史上最大。メスの方が大きく、体重およそ250kgでした。

鳥類天国だったニュージーランドに、マオリ族がカヌーで渡ってきたのは、1000年ほど前のこと。彼らはモアの肉と卵を獲り、羽毛で髪を飾り、頭骨を砕いた粉で入れ墨をしました。強力な脚をもつモアを狩るにはコツがありました。追いつめられ、片脚をあげて反撃しようとするモアの、残りの脚を一撃して倒すのです。または砂嚢（さのう）に石を蓄える習性を利用して、焼いた石を呑ませて殺したといいます。

1769年、イギリスの探検家キャプテン・クックが訪れたときには、モアはすでに伝説の存在になっていました。

「ずっと昔、とても大きい鳥がいた。島には食料がなく、その鳥が罠にかかりやすかったため、鳥は絶滅した」――。1800年代のはじめにマオリ族のひとりが語った言葉です。

MORE DETAILS

ジャイアントモアは巨体を支えるため、短くがっしりとした脚をもち、よく広がる太い３本の指を発展させました。天敵のハーストイーグル（70P）や人間たちに襲われたら、キックを繰り出し勇敢に応戦したことでしょう。

EXTINCT

ハーストイーグル

英名：Haast's Eagle　学名：Harpagornis moorei
分類：鳥綱　タカ目　タカ科　絶滅：1500年代
分布：ニュージーランド　翼開長：約3m

時速80kmで急降下するハンター

ジャイアントモア(68P)は、ニュージーランドに生息する史上最大の鳥でした。この巨鳥を狩っていたのが、ハーストイーグルです。ハーストイーグルは現生のどの猛禽類よりも大きく、頑丈な体格をしていました。翼を広げると最大で3mにもなり、体重は約14kg。獲物を狩るときには時速80kmのスピードで急降下し、襲いかかったといいます。

マオリ族が無人だったニュージーランドに進出したのは、1000年ほど前。彼らには、森から飛んでくる恐ろしい鳥の伝承があります。

「かつて人を食う鳥がいた。巨大な鳥で、子どもや女はもちろん、男にも襲いかかり、空高く連れ去った。巨鳥はその鳴き声からテ・ホキオイ(Te Hokioi)と呼ばれた」――。

それから500年後。モアは人間に食べつくされ、獲物を失ったハーストイーグルもまた、地球上から姿を消しました。

MORE DETAILS

ハーストイーグルはトラのように強力なカギ爪と、鋭いクチバシをもっていました。とはいえ、200kgを越えるモアを狩り、連れ去るのは至難の業。そのため上空から襲いかかり、首や頭部の骨をカギ爪で砕き、握りつぶしていたとか。

Check

エピオルニス

英名：Elephant Bird　学名：Aepyornis

分類：鳥綱 エピオルニス目 エピオルニス科　絶滅：1600年代

分布：マダガスカル島　頭頂高：約3.4m

飛べなかったロック鳥

アラビアンナイトにも登場するロック鳥は、ゾウをつかんで運び去り、羽毛の1枚だけでヤシの葉ほどもあるそうです。その伝説の巨鳥のモデルとなったのがエピオルニス、といわれています。頭までの高さは3m以上、体重500kg。身長こそジャイアントモア(68P)に負けますが、重さでは鳥類史上最大でした。

エピオルニスは、肉食哺乳類が少なく無人島だったマダガスカル島で、翼を退化させ巨大化しました。柱のように太い脚をしていましたが、あまり早く走れなかったともいわれています。

マダガスカル島に人間が進出したのは1000－2000年前。彼らは森林を開拓し、肉や卵を目当てにエピオルニスを狩猟したようです。13世紀以降、伝説の鳥を探す探検家たちが目にすることができたのは、化石になりかけの骨や卵の殻ばかりでした。わずか200－300年前には、確かに「ロック鳥」はいた──。その痕跡だけを残し、エピオルニスは消えました。

MORE DETAILS

エピオルニスの卵は動物界最大です。殻の厚さは4mmに達し、直径約30cm、短径20cm。容積は9ℓもあります。なんとダチョウの卵7個分、ニワトリの卵では180個分！90人分のオムレツがつくれます。

EXTINCT

ドードー

英名：Dodo　学名：Raphus cucullatus

分類：鳥綱　ハト目　ドードー科　絶滅：1681年

分布：モーリシャス島　全長：約1m

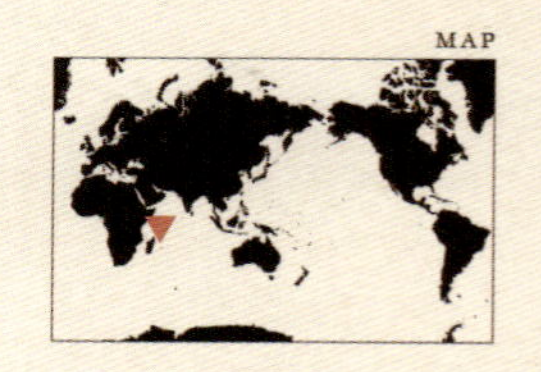

不思議の国のノロマな鳥

ルイス・キャロルの『不思議の国のアリス』にも登場するドードー。意外にもハトの仲間で、インド洋のモーリシャス島に棲んでいました。一般的にドードーといえば、モーリシャスドードーを指します。シロドードーとソリテアーという仲間も、すべて絶滅しました。

1598年、大航海時代。ドードーは、オランダ艦隊により発見されました。体長1m体重25kgほど。先の曲がった太いクチバシをもち、翼は退化して飛ぶことができません。太っていて短い脚でヨタヨタと歩き、「ドゥー・ドゥー」と鳴きました。絶滅するのはそれからわずか83年後。人間が連れてきたイヌやネズミなどに、卵もヒナも食べられてしまったからです。

ドードーは珍しがられてヨーロッパにも渡りました。神聖ローマ帝国皇帝のルドルフ２世の動物コレクションに加えられ、宮廷画家ルーラント・サーフェリはドードーの姿を描き残しました。イギリスのオックスフォード大学の博物館には、その絵と標本があります。

同大学の数学教師、ルイス・キャロルのお気に入りだったそうです。

MORE DETAILS

ルイス・キャロルの本名はチャールズ・ドジソン。内気な性格でどもり癖があり、ついたあだ名は“ドードー”。実際のドードーは気が強く、敵を頑丈なクチバシでつつき回し、突き出た翼の骨で叩いたといいます。

タヒチシギ

英名：Tahiti Sandpiper　学名：Prosobonia leucoptera

分類：鳥綱 チドリ目 シギ科　絶滅：1777年

分布：タヒチ島　全長：約15cm

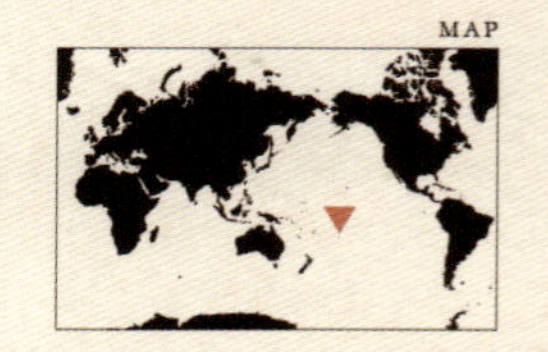

南洋の島での静かな絶滅

タヒチシギは、南太平洋のタヒチ島に生息していた鳥です。その生態や習性などの記録はありません。1773年と1777年に採集された標本も、現在残っているのは1体だけ。絶滅の原因は、入植者が連れてきたブタだとされています。

1769年、イギリスの探検家キャプテン・クックがタヒチ島を訪れました。当時の探検隊は島に着くと、次に訪れるときのための食料として、ブタやヤギを放したといいます。海洋に孤立するこの島には、元来哺乳類はいませんでした。それなのに現在のタヒチには、野生化したブタ＝タヒチブタが生息しています。ブタは雑食性ですから、タヒチシギの卵を根こそぎ食べてしまったのでしょう。なんにせよ、クック船長の来島より8年後の1777年以来、タヒチシギの姿を見た人間はいないのです。

MORE DETAILS

頭部から背中、翼は褐色。お腹がオレンジかかった黄色で、目の後方と咽喉に白い斑点があります。小さくて食用にならず、飾りにするような長い羽もありません。そのためタヒチの原住民も、この鳥に関心を払ってこなかったようです。

EXTINCT

オオウミガラス

英名：Great Auk　学名：Pinguinus impennis

分類：鳥綱　チドリ目　ウミスズメ科　絶滅：1844年

分布：北大西洋、北極海　全長：約80cm

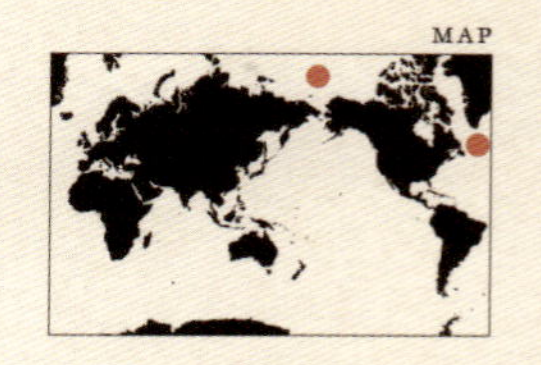

元祖ペンギン最後の日

かつて、北極圏に集団で生息していたウミガラスは、ペンギンによく似た海鳥でした。翼は退化し、泳ぎが上手。陸上では身体を立ててヨチヨチと歩きます。実はウミガラスこそ最初に「ペンギン」と呼ばれた鳥でした。

1534年に発見されたころ、オオウミガラスは数百万羽いたといいます。人間を警戒せず動きが鈍い。肉や卵が美味で、羽毛も脂肪も役に立つ。オオウミガラスは好都合な鳥でした。大乱獲がはじまり、1830年頃には50羽ほどが残るのみに。そしてヨーロッパ中の博物館やコレクターたちが、希少な標本を高値で欲しがり、絶滅を加速させました。

1844年6月3日。3人のハンターたちが、抱卵中のオオウミガラスのつがいを見つけました。オスは瞬時に撲殺され、卵を守ろうとしたメスは絞め殺されます。その騒動で卵は割れてしまい、男たちを不機嫌にさせました。

これが、オオウミガラスという種の、地上における最後の日です。つがいはデンマークのコペンハーゲンで剥製にされたといいます。

MORE DETAILS

オオウミガラスは繁殖期になると小島に上陸し、天敵のいない岩の上や断崖に直接、卵を1個だけ産みました。卵は万が一転がっても崖から落ちないように、洋ナシのようなユニークな形をしていました。

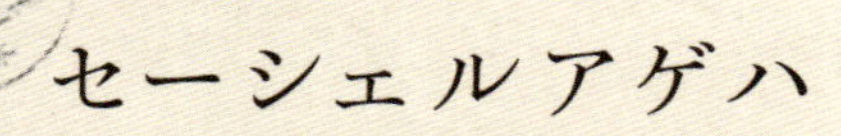

セーシェルアゲハ

英名：Seychelles Swallowtail Butterfly　学名：Papilio phorbanta nana

分類：昆虫綱　鱗翅目　アゲハチョウ科　絶滅：1890年

分布：セーシェル諸島　翅開長：約10cm

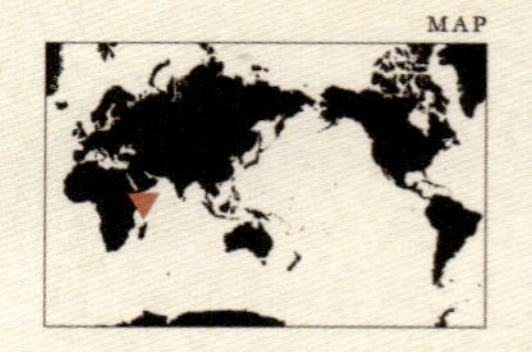

まるで夢のような青い蝶

セーシェル諸島は、アフリカ東部から1300kmの海原に浮かぶ115の島々から構成される国。“インド洋の真珠”ともいわれる美しい島々です。

セーシェルアゲハはただ2匹だけ発見されました。オスは黒い羽の中に青や緑の斑点があり、メスは薄茶でクリーム色の斑点があったといいます。それ以外の情報は、なにもありません。もしかして、セーシェル諸島から1800km南に位置するレユニオン島から渡ってきたのかもしれません。レユニオン島には多くのアゲハが生息し、セーシェルアゲハはその中の1種によく似ているからです。

1890年以降、この蝶を目撃した人間は誰もいません。ひと知れず生息し、ひと知れず絶滅した幻のアゲハ蝶。だからこそ、地上から姿を消していったあらゆる生物の中で、もっとも美しいものといえるのかもしれません。

MORE DETAILS

誰も知らない蝶、セーシェルアゲハを描くにあたって、チョーさんは資料を探すのに苦労したといいます。その羽を再現するため、モデルのひとつとしたのが、アメリカ大陸に生息するモルフォチョウ。光沢のある青色が特徴で、世界一美しい蝶といわれます。

EXTINCT

スティーブンイワサザイ

英名：Stephens Island Wren　学名：Xenicus lyalli

分類：鳥綱　スズメ目　イワサザイ科　絶滅：1894年

分布：ニュージーランド・スティーブンズ島　全長：約10cm

猫に発見され猫に滅ぼされた小鳥

ニュージーランドの南島と北島の間にある小さな島、スティーブンズ島。スティーブンイワサザイはその島に生息する、スズメ目では珍しい飛べない鳥でした。

1894年のこと。スティーブンズ島には灯台守とその家族、そして1匹の飼い猫が暮らしていました。ある日、その猫が見慣れない鳥を咥えて帰ってきました。それ以来毎日のように海岸に出かけ、全部で11羽の鳥を捕獲します。灯台守は、鳥の死骸を鳥類学者に送りました。これが新種「スティーブンイワサザイ」の発見のきっかけとなります。猫はその後、4羽の鳥を捕まえてきたことを最後に、二度と咥えてくることはありませんでした。

スティーブンイワサザイは「1匹の猫によって発見され、同時に絶滅した」という伝説で有名になりました。けれどもその生態については何もわかっていません。ただ「その鳥は夕方に現れ、飛べなかった」という灯台守の記録が残されているだけです。

MORE DETAILS

ニュージーランドには肉食の哺乳類は存在していませんでした。生態系の頂点には鳥類が立ち、多くの鳥が飛ばない方向で進化しました。スティーブンイワサザイは、島の生態系では、ネズミのような位置を占めていました。

ホオダレムクドリ

英名：Huia　学名：Heteralocha acutirostris

分類：鳥綱　スズメ目　ホオダレムクドリ科　絶滅：1907年

分布：ニュージーランド北島　全長：約50cm

MAP

ファッショントレンドになった神聖な鳥

ホオダレムクドリは、ニュージーランド固有の絶滅した鳥類のひとつです。体長は50cmほど。全身ほぼ黒色で、クチバシの根元にはオレンジ色の肉だれがありました。北島の森林に棲み、オスとメスのつがいはいつも一緒に行動しました。その鳴き声はフルートのように美しく響いたといいます。

マオリ族の言葉でホオダレムクドリはhuia（フィア）。フィアは神聖な鳥でした。先端の白い長い尾羽は特に珍重され、一族の酋長だけがその尾羽を髪に飾ることができました。

絶滅のきっかけは1900年前後。ニュージーランドを訪問した英国王室のヨーク公が、マオリ族から贈られた羽を帽子につけました。ヨーク公のファッションはヨーロッパ中で流行し、多くのひとがその羽を欲しがり、乱獲がはじまったのです。

1907年のある日、1羽のホオダレムクドリが森の中へと飛び去りました。その目撃を最後に、マオリ族のフィアは二度と姿を現さなかったのです。

MORE DETAILS

ホオダレムクドリのクチバシは、雌雄で形がまったく違います。細長く下向きに曲がった方がメス、直線的で短い方がオス。つがいが協力し合ってエサを取るため、あるいは種として生き残る可能性を高めるため、ともいわれています。

リョコウバト

英名：Passenger Pigeon　学名：*Ectopistes migratorius*

分類：鳥綱 ハト目 ハト科　絶滅：1914年

分布：北米東部－中米　全長：約40cm

50億羽から0羽になったハト

リョコウバトは鳥類史上、もっとも多くの個体数 ── なんと推定50億羽──を誇っていた鳥です。北米大陸の北東部から南部へと、大群となって移動を繰り返していました。そのため胸もとの筋肉はとても発達していて、長い距離を時速100kmで飛ぶことができました。

1813年、鳥類学者で画家のジョン・ジェームズ・オーデュボンはその渡りと出会います。「空を覆い尽くすような群れが3日間途切れることなく飛び続けた」。彼がそう記したリョコウバトは、もう旅をすることもありません。

当時アメリカは開拓時代。リョコウバトのおいしい肉と美しい羽への需要は高まるばかり。就寝中の群を木ごと切り倒して撲殺するなど、乱獲されていきます。塩漬けの肉は当時開通したばかりの鉄道で、都市部に送られました。

大量虐殺は50年以上続きます。1850年を境に個体数は激減し、1904年野生種が消滅。動物園で保護され、マーサと名づけられ、大切に飼われていた最後の1羽も、1914年9月1日に息を引き取りました。

MORE DETAILS

リョコウバトはとても美しいハトでした。頭は小さく尾羽は長く、全身はすんなりとした流線形でした。オスの背中と翼は灰青色で、胸部は明るいえんじ色。目は、鮮やかなオレンジ色でした。メスは地味で、優しい灰色です。

ワライフクロウ

英名：Laughing Owl　学名：Sceloglaux albifacies

分類：鳥綱　フクロウ目　フクロウ科　絶滅：1914年

分布：ニュージーランド　全長：約40cm

夜の森に響く怪しい高笑い

ニュージーランドは北島と南島に分かれていて、この2つの島に1亜種ずつ、ワライフクロウは生息していました。名前は、独特の鳴き声からつけられました。その声は「陰気な悲鳴」「遠くから聞こえる男たちのわめき」「メランコリックな野次」などと、形容されています。体長は約40cm。全身がこげ茶とクリーム色のまだら模様でした。
絶滅の主な原因は外来種の移入です。アナウサギ駆除のために導入されたオコジョやフェレットは、フクロウたちにも襲いかかったのです。さらにヨーロッパからの船には肉食性のネズミが紛れ込んでいて、卵やヒナも食べられていきました。
珍しい鳴き声が愛でられ、ペットとして捕獲されたこともあり、フクロウの数はぐんぐん減少します。1890年には北島からワライフクロウは消え、南島でも1914年の目撃情報を最後に、二度とその笑い声を響かせることはなかったのです。

MORE DETAILS

ワライフクロウは翼が短く、足が長いという体形のため、あまりうまくは飛べませんでした。低木の枝にとまって獲物を待ち伏せし、捕らえると木の上ではなく地面で食べました。主要なエサは草食のネズミ。あるいはアナウサギでした。

カロライナインコ

英名：Carolina Parakeet　学名：Conuropsis carolinensis

分類：鳥綱 オウム目 オウム科　絶滅：1918年

分布：北米東部　全長：約30cm

羽飾りにされた北米のインコ

インコの仲間の多くは、亜熱帯地域に生息します。けれどカロライナインコは、北アメリカ大陸に棲む唯一の固有種でした。同じく固有種のリョコウバト(86P)ほどでないにせよ個体数は多く、かつてはその陽気なおしゃべりがあちこちから聞こえてきたものでした。

川沿いの森林に生息。夜は木の洞で眠り、朝になるとエサを食べに出かけるという毎日でした。悲劇のはじまりは1800年代。アメリカは開拓時代で、まずは生息地の森林が少なくなりました。そして不幸なことに、このインコは果物が好物だったのです。とてつもない数が開拓者の果樹園に群がりました。果実は収穫前に全滅。怒った開拓者たちは散弾銃で群れを一つひとつ消滅させていきました。

肉は食用に、美しい羽毛は婦人用の帽子の飾りにされて激減。1904年に野生種が消え、1918年9月、シンシナティ動物園で最後の1羽、インカスという名のオスが死にました。その4年前には、同じ動物園で、リョコウバトが絶滅しています。

MORE DETAILS

白や灰色など、基本的に単色のものが多いオウムに対し、インコの仲間はカラフルな羽毛をもっています。カロライナインコも色鮮やかで、オレンジと黄色の頭部をもち、首から下は緑色でした。

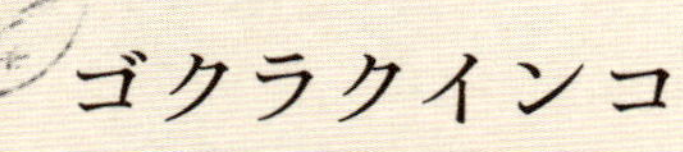

ゴクラクインコ

英名：Paradise Parrot　学名：Psephotus pulcherrimus

分類：鳥綱　オウム目　オウム科　絶滅：1927年

分布：オーストラリア・クイーンズランド州　全長：約30cm

美しさは悲劇のはじまり

その美しく優雅な姿をみた者は、誰だって自分のものにしたくなるだろう——。

ある研究者は、ゴクラクインコについてそう記したそうです。

ゴクラクインコは、オーストラリア東部の草原地帯に棲んでいました。とてもカラフルで美しく、人懐っこい鳥でした。19世紀のイギリスでは、ゴクラクインコを飼うことが大ブームとなり、大量のインコが捕獲されました。

しかしこの鳥には、アリ塚の塔に横穴を開けて巣をつくるという変わった習性がありました。室内で飼うことは難しく、海を渡ったインコは子孫を残さず次々に死んでいったのです。

乱獲と生息地の開拓により、野生の個体数は激減。20世紀のはじめには姿が見られなくなりました。確認された最後のペアは、1927年に卵を巣に残したままどこかに消えました。

彼らにとっての本当の極楽を探しに、飛んでいったのかもしれません。

MORE DETAILS

ゴクラクインコは額が赤く、羽にも大きな赤い斑点がありました。頭部と胸は青緑色で、尾羽は青でした。オーストラリアには姿がよく似ていて、やはりアリ塚に巣をつくるヒスイインコ、キビタイヒスイインコという２種の近縁種が残っています。

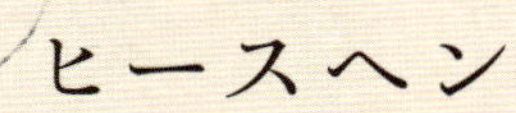

ヒースヘン

英名：Heath Hen　学名：*Tympanuchus cupido cupido*

分類：鳥綱　キジ目　キジ科　絶滅：1932年

分布：米国・ニューイングランド地方　全長：約40cm

アンラッキーなソウゲンライチョウ

日本の特別天然記念物のライチョウは高山でしか見られません。けれど北アメリカのソウゲンライチョウは、どこにでも普通にいる鳥でした。体長は40cmほど。オスは首の両側に袋があり、婚礼のシーズンにはこれを激しく上下に振ってメスを誘いました。このうち、ニューイングランド地方にいた亜種がヒースヘンです。

入植者たちはヒースヘンを食料として乱獲しました。抱卵中のメスには巣を離れないという習性があります。そこを狙えば簡単に撃ち殺すことができたのです。

1870年代には本土では絶滅。生き残っているのはマサチューセッツ州の沖合の島だけとなり、1907年の調査ではわずか77羽という状況に。ようやく熱心な保護活動が始まり、1916年には2000羽にまで回復。これで安心かと思いきや、繁殖期に起きた山火事で大半のメスが死亡。さらに冬の異常な寒冷や流行病で、1932年11月に最後の1羽が死に絶えました。

MORE DETAILS

ヒースヘンの最後の1羽はオスで、名前はブーミング・ベン。お気に入りの場所に立つと首の両側にあるオレンジ色の袋を振り、求愛行動を繰り返したといいます。いつかはきっと、応えてくれるメスが現れると信じていたのでしょうか。

バライロガモ

英名：Pink-Headed Duck　学名：Rhodonessa caryophyllacea

分類：鳥綱 カモ目 カモ科　絶滅：1940年

分布：インド、ネパール、ミャンマー　全長：約60cm

愛されピンクは罪のいろ

バライロガモは、インドに棲んでいた美しいカモです。身体はありふれた茶色でしたが、頭部と首がバラ色でした。翼の下側も鮮やかなピンク色。飛んでいるバライロガモを下から見ると、胴体の茶色とのコントラストがとても美しかったそうです。

主な生息地はガンジス川北部に広がる湿原。そこにはトラやワニがたくさんいたため、人間が足を踏み入れることもなく、平和に暮らすことができました。ところが、水田開発がはじまると、狩猟者も入り込むようになったのです。食用としてはもちろん、バライロガモをペットとして飼うことはインドでもステータスとなり、高額で取引されました。

生息地も狭く、もともと個体数も少なかったバライロガモは、あっという間に数を減らしていきます。

インドでは1935年に目撃されたのが最後で、ネパールではすでに19世紀に絶滅しました。ヨーロッパの動物園にはまだ飼育されていましたが、第二次世界大戦の混乱の中で、それらのカモも死に絶えました。

MORE DETAILS

ほかの珍しい動物と同じように、バライロガモもヨーロッパへと渡りました。けれどもある動物園の園長は、心待ちしていたバライロガモを見て、がっかりしたというエピソードがあります。期待に反して、「バラ色」は頭部だけで、しかも淡いピンク色だったからです。

グアムオオコウモリ

英名：Guam Flying Fox　学名：Pteropus tokudae
分類：哺乳綱 コウモリ目 オオコウモリ科　絶滅：1968 年
分布：グアム島　翼開長：1-2m

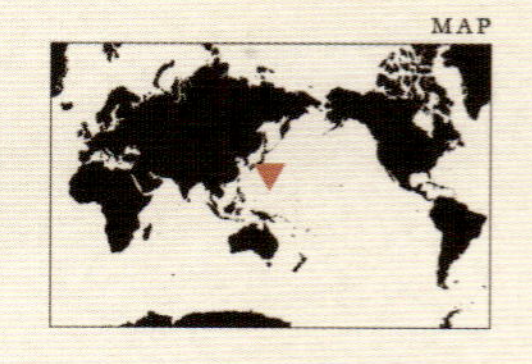

業深き名物グルメ

西太平洋マリアナ諸島の最南端、グアム島。かつて島にはオオコウモリが生きていました。翼を広げると1－2m。日中は木の枝にぶらさがって眠り、薄暮から夜にかけて飛翔し、果物や花の蜜を食べます。グアムオオコウモリはほかの島のオオコウモリと大差なく、際立った特徴もありません。食べつくされて、絶滅してしまったこと以外には。

オオコウモリはフルーツコウモリとも呼ばれ、アジア・オセアニア・アフリカなどではポピュラーな食材。原住民のチャモロ族もコウモリを食べていましたが、それは微々たるものでした。1960年代以降グアム島は観光地として発展し、オオコウモリが名物料理として供されるようになります。そしてはじまる大量乱獲。ついに1968年、最後の1匹も撃ち落とされてレストランの食卓にのぼり、人間の胃袋を満たしました。今でもグアム島ではオオコウモリ料理があります。それがグアムオオコウモリではないことだけは確かです。

MORE DETAILS

コウモリといえば、「吸血鬼」「邪悪」というイメージがあります。けれどオオコウモリは、目はつぶらでなかなか可愛いらしい動物です。彼らは視覚に頼って飛翔するため、目は大きく発達し、代わりに耳は小さくなっています。

Chapter III

LAND ANIMALS

陸の生き物

アースロプレウラ

英名：Arthropleura　学名：Arthropleura

分類：節足動物門　アースロプレウラ科

生息：石炭紀（3億5920万年－2億9900万年前）

分布：北米　全長：2－3m

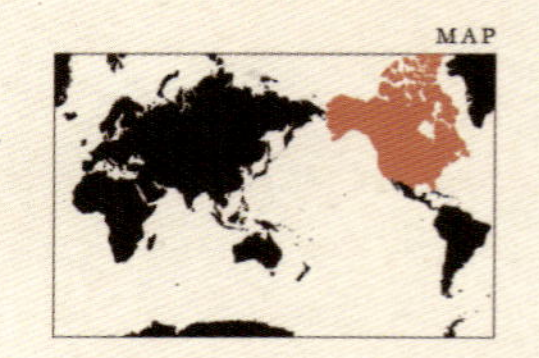

3mもある古代ムカデ

約3億年前、古生代後半の石炭紀。地上には、リンボク（170P）などの巨大なシダ植物が生い茂り、深い森林が形成されていました。その森林が地下に埋まり、石炭となりました。そのため「石炭紀」と呼ばれます。

アースロプレウラは当時の森林の地面を這いまわっていた超巨大な多足類。ムカデやヤスデの仲間です。体長は2mから3m、幅は45cmもありました。

体重もかなりあったのでしょう。這った痕が地面にくっきりと残り、そのまま化石になったものが各地で見つかっています。

古生代に巨大化した節足動物の中でも、大ウミサソリの仲間と並んで最大級。身体は20以上の体節からなり、それぞれに1対ずつ歩脚がついていました。

次のペルム紀に入り、地球が寒冷化すると、シダ植物の森林は消滅します。そしてアースロプレウラも姿を消しました。

MORE DETAILS

ムカデは昆虫などを食べる肉食性、ヤスデは腐植食性です。アースロプレウラはアゴの構造などからヤスデに近かったとみられています。ひとまず噛みつかれる心配はなさそうですが、決して出合いたくない生き物のひとつです。

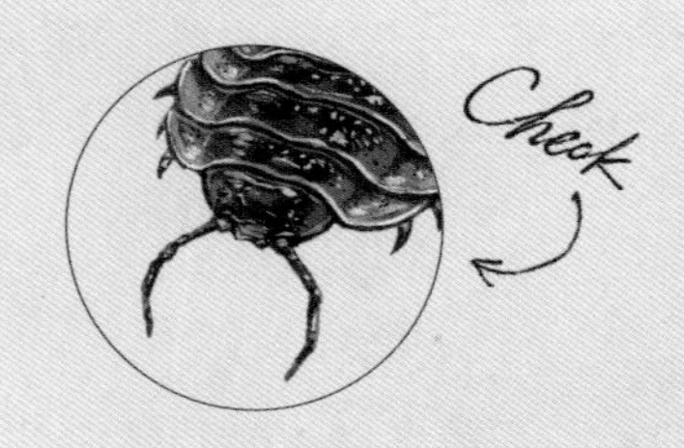

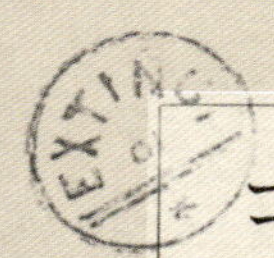

コティロリンクス

英名：Cotylorhynchus　学名：Cotylorhynchus
分類：単弓綱 盤竜目 カセア科
生息：ペルム紀（2億9900万年－2億5100万年前）
分布：北米　全長：3.6－3.8m

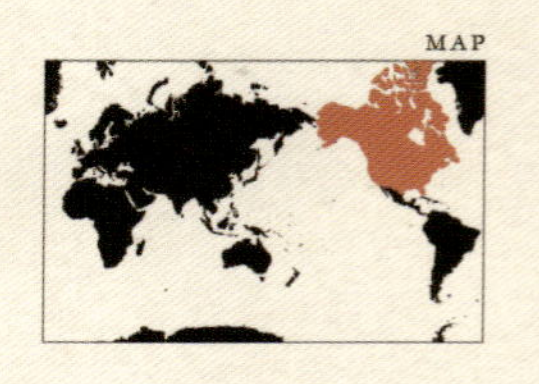

でっぷり太って小顔はキープ

大きな胴体に小さな頭。まるで不格好なトカゲのような姿です。けれどコティロリンクスは、爬虫類ではありません。哺乳類の祖先、単弓類の仲間なのです。
約２億8000万年前、ペルム紀の前期に生息。体長約4m、体重は約2t。当時としては、最大級の陸上動物だったと思われます。植物を食べては、樽のような胴の中で発酵させ、消化していました。
古生代の終わり、陸上に繁栄していたのは単弓類でした。背中に大きな帆をもつ、ディメトロドンなども有名です。かつて哺乳類は、爬虫類から進化したと考えられていました。そのため「哺乳類型爬虫類」と呼ばれたことも。現在では、哺乳類の先祖「単弓類」と爬虫類の先祖「竜弓類」は、両生類から同時並行的に進化した、というのが定説です。
約２億5100万年前、ペルム紀末に史上最大の大絶滅が起こりました。全生物の90－95％が滅び、大型の単弓類も姿を消します。つぎの中生代は恐竜の天下。生き残った単弓類は小型の哺乳類へと進化し、機が熟するのを待つのでした。

MORE DETAILS

単弓類の「弓」とは頭蓋の側面に開いた、筋肉を通すための穴のこと。単弓類は左右に１対の穴を持っています。人間のこめかみはその名残。恐竜や鳥が属する竜弓類には２対の穴があり、「双弓類」とも呼ばれます。

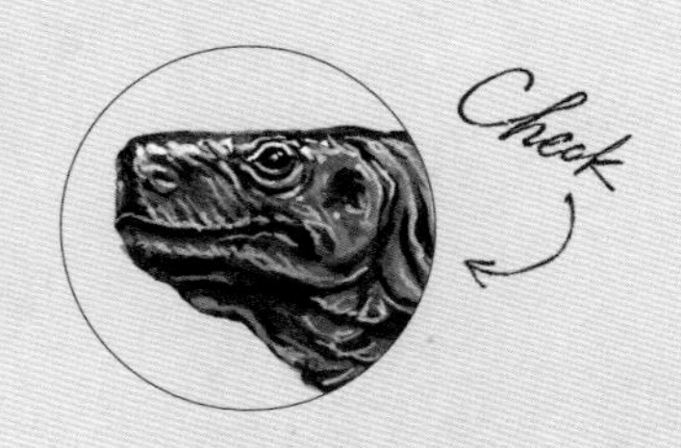

ティラノサウルス

英名：Tyrannosaurus　学名：Tyrannosaurus
分類：爬虫綱　竜盤目　ティラノサウルス科
生息：白亜紀末期（6850万年－6550万年前）
分布：北米　全長：11－13m

羽毛の生えた恐竜王

恐竜の王者といえばティラノサウルス。体長は11−13m、体重は推定6t。陸上の肉食生物としては、史上最大級です。
頭骨が並外れて大きく、獲物を骨ごと噛み砕く頑丈なアゴと、長く鋭い歯をもっていました。巨体を支える後脚も巨大で、脚の甲は1m近くもあります。前かがみになって時速30kmで走り、両目は前方を見据えるようについていました。嗅覚も鋭く、優れたハンターでした。
巨大な頭部とバランスを取るためか、前脚は意外なほどに小さく、指も２本だけ。その力は強く、獲物を素早く引き裂くことが可能だったそうです。
学名の意味は、「暴君のトカゲ」。中生代最後の白亜紀後期（約6850万−約6550万年前）の約300万年間、地上を支配しました。けれど、白亜紀末の大絶滅で、ほかの多くの恐竜と一緒に滅ぶことになります。
映画『ジュラシック・パーク』に登場した、ティラノサウルスやラプトルは、獣脚（じゅうきゃく）類と呼ばれます。彼らには羽毛が生えていたともいいます。現在、空を飛ぶ鳥は大絶滅を生きのびた、その子孫なのです。

MORE DETAILS

近年、中国で発見されたティラノサウルスの化石には、羽毛の痕跡が確認されました。最近の復元画では、たてがみのような羽毛を描いているものもあります。小さな前脚も鳥の翼のように、求愛のダンスに使っていたともいわれています。

EXTINCT

コリフォドン

英名：Coryphodon　学名：Coryphodon
分類：哺乳綱　汎歯目　コリフォドン科
生息：暁新世後期－始新世前期（5950万年－4860万年前）
分布：南北アメリカ、中国　全長：2－2.5m

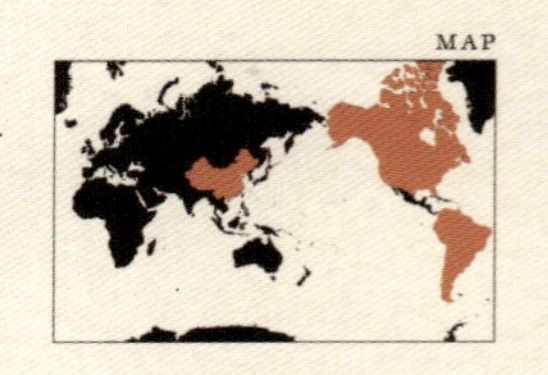

カバによく似たおバカな種族

中生代が終わり、恐竜が絶滅したあとの新生代。地上では、ディアトリマ（66P）などの恐鳥や大小さまざまな鳥が、歩き回っていました。けれどもそれは束の間のこと。すぐに、恐竜時代をひっそりと生き抜いてきた哺乳類たちの爆発的進化がはじまります。最初に繁栄した大型哺乳類は、コリフォドンなど汎歯（はんし）目の仲間です。

コリフォドンは、新生代の暁新世後期から始新世中期（5950万年－4860万年前）にかけて、東アジアと北アメリカに生息。2004年に熊本県天草市でも、ほぼ完全な頭骨の化石が発見されました。体長2－2.5m、体重は300kgもあり、当時の地上生物では最大でした。姿はコビトカバによく似ています。上アゴの犬歯が鋭い牙になっていて、これで水辺の草を根こそぎ掘り取って食べていたようです。

汎歯目の仲間は、脳が他の哺乳類に比べてかなり小さいのが特徴です。絶滅の原因は、あとから進化してきた優秀なグループとの競争に敗れたからでしょう。今日、その子孫はまったく残っていません。

MORE DETAILS

汎歯目という名前は、さまざまなタイプの歯をひととおり備えていることによります。なかでも大臼歯はよく発達していて、大部分が植物食だったと考えられています。全歯（ぜんし）目ともいいます。

ティタノボア

英名：Titanoboa　学名：Titanoboa

分類：爬虫綱 有鱗（ゆうりん）目 ボア科

生息：暁新世（6550万年－5500万年前）

分布：コロンビア　全長：11－13m

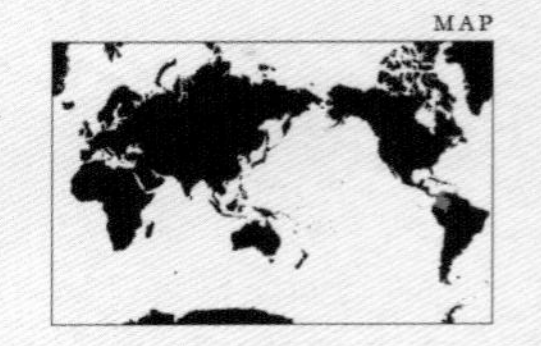

ワニを呑み込む巨大ヘビ

2009年、南米のコロンビアで化石が発見されたティタノボア。知られているなかで、最大のヘビです。体長は推定13m、胴回りは3m、体重は1t。現生のヘビでもっとも大きいアナコンダは体長9m。それをはるかに上回ります。学名は「巨大なボア」とそのまま。新生代のはじまりの暁新世（約6500万年－5500万年前）、アマゾン河周辺の水辺に棲んでいました。当時の気候は現代よりも温暖で、それが大型化を可能にしたと考えられています。

ティタノボアが見つかった地層では、やはり巨大な古代ワニも、発見されました。同じボア科のアナコンダは、水の中に身を隠して獲物を待ち伏せ、ときにはワニをも呑み込みます。およそ体長6mの古代ワニも、あえなくティタノボアの餌食となったことでしょう。

米国のスミソニアン博物館は、ティタノボアと中生代の王者ティラノサウルス（106P）が「もし闘ったら」というシミュレーション映像を作成しています。結果はティタノボアの圧勝。胴体をぐるぐる巻きにされ、さしものティラノサウルスもあっという間に身動きできなくなりました。

MORE DETAILS

ヘビは、トカゲの四肢が退化した爬虫類です。脚がなくなった原因については、水中生活説と地中生活説が対立していてまだ決着がついていません。またヘビの眼は透明なウロコで覆われているため、まばたきをしません。それがとても神秘的にみえます。

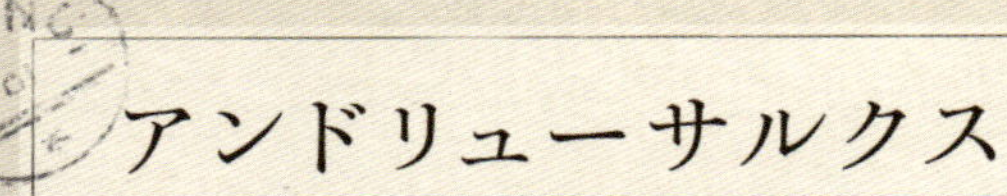

アンドリューサルクス

英名：Andrewsarchus　学名：Andrewsarchus

分類：哺乳綱　メソニクス目　トリイソドン科（未確定）

生息：始新世中期（4500万年－3600万年前）

分布：モンゴル　全長：約3.8m

手がかりは史上最大の上アゴ

新生代の始新世。約4500万年－3600万年前、クジラの祖先たちが陸から海に帰ろうとするころ。陸生の肉食哺乳類のなかで、史上最大のアゴをもつ、謎の獣が生息していました。それがアンドリューサルクスです。

モンゴルのゴビ砂漠で発見された化石は、下アゴのない頭骨だけ。全体の姿も生態も不明です。やはり原始的な肉食獣、ヒヅメをもつメソニクスの近縁種と考えられ、「体長382cm、体高190cm」と推定されました。

頭骨は長さ83cm、幅56cm。現生のクマやライオンをはるかに超えています。ただし身体のつくりから、敏捷に動く肉食ハンターだったとは思えません。ハイエナのように腐肉をあさっていたのでしょうか。草の根でもなんでも食べる雑食性だったのかも。水辺に棲み、硬いカメの甲羅や貝を、頑丈なアゴで噛み砕いていたのかもしれませんね。

気候が変動し、陸地の乾燥化が進むなか、アンドリューサルクスは絶滅します。より進化した肉食獣との生存競争に敗れたとも、いわれます。

MORE DETAILS

アンドリューサルクスの口には、巨大で太く鋭い歯が並んでいます。けれどその歯は現生の肉食獣のように、肉を切り裂くような形をしていません。頑丈な臼歯も備わっていて、まさに「噛み砕く」ことに適した歯といえます。

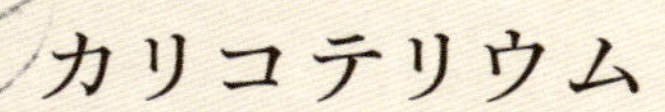

カリコテリウム

英名：Chalicotherium　学名：Chalicotherium

分類：哺乳綱　奇蹄目（きてい）　カリコテリウム科

生息：中新世（2300万年－500万年前）

分布：日本、北米、ヨーロッパ　全長：約2m

MAP

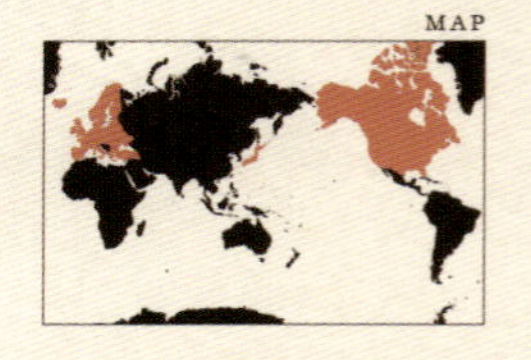

ウマの顔してナックルウォーク

約2000万年前のユーラシア大陸の森林には、奇妙な動物が棲んでいました。その名はカリコテリウム。全長2m、体高1.8mほど。頭はウマによく似ていますが、前脚が後脚よりもはるかに長く、背中がひどく傾斜していました。

カリコテリウムはウマやサイと同じ「奇蹄目」の仲間。ただし前脚には、ヒヅメの代わりに鋭いカギ爪がありました。歩くときにはそのカギ爪を内側に曲げ、ゴリラのようにナックルウォークをしていました。

奇蹄目は別名ウマ目。かつては多くの系統があり繁栄していました。現在ではウマ、サイ、バクの3科しか残っていません。カリコテリウムも、子孫を残すことなく絶滅しました。そのころ、寒冷化で森林が縮小し、草原化が進んでいました。その環境変化に、適応できなかったのでしょう。

日本では2016年、長い間サイの大腿骨だと思われていた1800万年前の化石が、実はカリコテリウムの仲間のものだったと判明しました。カリコテリウムは予想以上に、広範囲に生息していたようです。

MORE DETAILS

森林に棲み、好物はやわらかい木の葉。木の幹に掴まって二本足で立ちあがり、カギ爪のある長い腕をうまく使って枝をたぐりよせていたようです。鋭い爪は身を守るための武器にもなったでしょう。種は別ながら、体形も生態もメガテリウム（132P）とよく似ています。

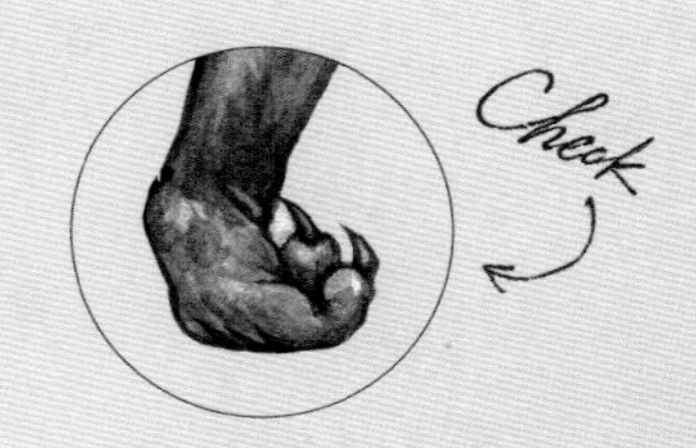

プラティベロドン

英名：Platybelodon　学名：Platybelodon
分類：哺乳綱　長鼻目（ちょうび）　ゴンフォテリウム科
生息：中新世（2300万年－500万年前）
分布：ヨーロッパ、北米、アフリカ　全長：約4m

顔面シャベルのへんてこゾウ

ゾウの仲間は現在、アフリカゾウとマルミミゾウ、アジアゾウの３種しか生き残っていません。けれどもかつては、南極とオーストラリアをのぞくすべての大陸に、さまざまな種類のゾウが生息していました。そのなかでも、特にヘンテコな姿のゾウが、プラティベロドンです。中新世（2300万年－500万年前）、モンゴルに生息していました。特徴はなんといっても、下アゴが長く突き出していること。その先端に２枚のシャベルのような平たい牙がついていました。この牙を使って植物の根を掘り起こして食べていたようです。そのため「シャベル牙ゾウ」ともよばれています。

肩の高さは1.7ｍくらいで、ゾウとしては小型でした。鼻もそれほど長くはありません。けれども下アゴが発達した頭骨は非常に長く、1.8ｍもありました。

ゾウの仲間はやがて鼻が発達して、器用にいろいろな用途に使えるようになります。プラティベロドンのような古いタイプは姿を消していきました。

MORE DETAILS

ゾウの牙は、上下とも門歯が大きく成長したものです。プラティベロドンの下アゴの牙は四角い板のようになり、２枚が並んでいました。上アゴの牙はほかのゾウに比べると小さめとはいえ、細くすんなりと伸びていました。

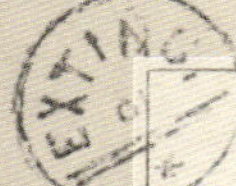

アウストラロピテクス

英名：Australopithecus　学名：Australopithecus
分類：哺乳綱　霊長目　ヒト科
生息：鮮新世（420万年－230万年前）
分布：アフリカ南部、東部　身長：1－1.4m

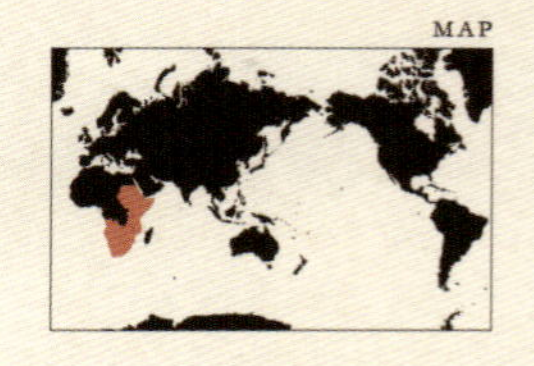

立て……！立つんだ、ルーシー！

600万年以上前、ヒトの祖先が、チンパンジーとの共通の祖先から分かれました。森林生活を捨て、アフリカの東部や南部でサバンナでの生活に移行したのです。二足歩行ができるようになり、脳を急速に発達させました。

アウストラロピテクスは、現生人類への移行期の化石人類のひとつです。1924年、南部アフリカのボツワナで化石が発見されました。

生息時期は、鮮新世の420万年－230万年前。身長は約120cmと小さく、脳の容積は現生人類 の3分の1程度。歯や骨格などは明確にヒトの特徴を備えていました。後期には石器も使用していたようです。

そして1974年、エチオピアで、有名な「ルーシー」が発見されます。全身の40％の骨がそろった女性の化石です。彼女によって、二足歩行が脳容量の増大をうながしたことが証明されました。ちなみにその名は、発見当時、調査隊が聞いていたビートルズの楽曲によります。

学名は「南の猿」の意味 。長い間「最古の人類」と考えられていました。

MORE DETAILS

現在では、600万－700万年前、アフリカ中部に生息していたサヘラントロプスが、ヒトの特徴をもつ最古の化石という説が有力です。愛称は「トゥーマイ」。発見されたチャドの現地語で、「生命の希望」という意味です。

マクラウケニア

英名：Macrauchenia　学名：Macrauchenia
分類：哺乳綱　滑距目（かっきょ）　マクラウケニア科
生息：中新世末期－更新世末期（700万年－2万年前）
分布：南米　全長：約3m

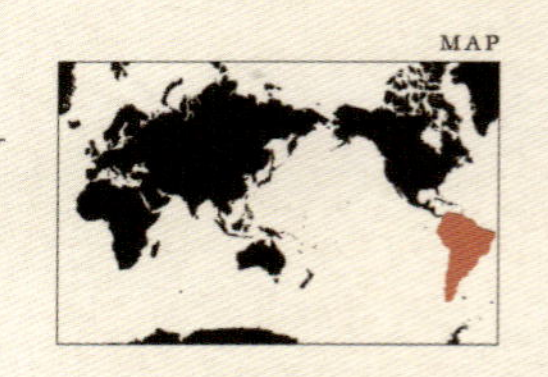

ダーウィンを悩ませた不思議な生き物

「今まで発見されたなかで、もっとも奇妙な動物」──。ビーグル号に乗って南アメリカを訪れたチャールズ・ダーウィンが化石を発見し、大いに頭を悩ませたのが、このマクラウケニアです。現存する哺乳類のどの種にも分類できないためで、かの『進化論』を生みだすきっかけとなりました。

約700万年前－2万年前にかけて、南アメリカに生息した草食の哺乳類です。身体はラクダのようで、首はキリンのように長く、自由に動かせる長い鼻をもっていました。

1億年以上前から孤立した大陸だった南アメリカ。そこで哺乳類は独自の進化を遂げました。マクラウケニアが属した滑距（かっきょ）目もそのひとつです。しかし300万年前のこと。北アメリカ大陸とパナマ地峡でつながりました。楽園は崩壊し、南米固有の動物の多くが滅んでいきます。その変動をなんとか生きのびたマクラウケニアも、2万年前までには絶滅。そのころ、南アメリカまで入ってきた人類が、原因だったのかもしれません。

MORE DETAILS

マクラウケニアのもっとも大きな特徴は、その鼻です。鼻の穴がゾウのように頭骨の高いところにあり、ゾウほどではないにせよ、バクぐらいの長さがあったと考えられています。鼻は器用によく動いたようです。もし動物園にいたら、人気者になったでしょう。

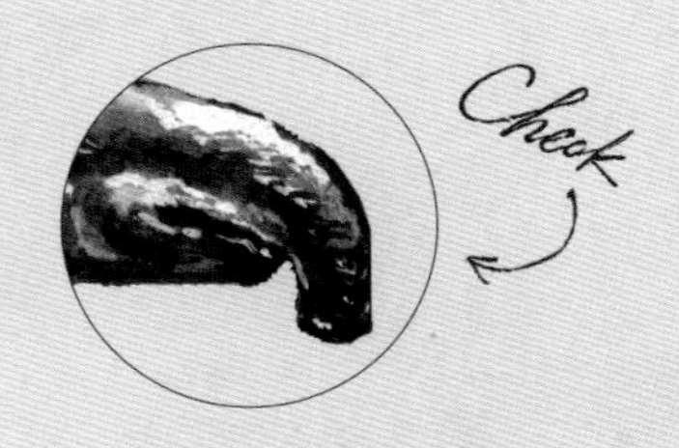

ジャイアントバイソン

英名：Giant Bison　学名：Bison latifrons

分類：哺乳綱　鯨偶蹄目　ウシ科

生息：更新世後期（180万年－1万年前）

分布：北米　全長：4-5m

角幅2m！筋骨隆々のバッファロー

約180万年前から1万年ほど前まで、北アメリカで暮らしていたジャイアントバイソンは、ウシ科の哺乳類としては最大級。現生のアメリカバイソンよりかなり大きく、肩高2.3m、体長4.8mでした。左右に開いた巨大な角の両端の幅は、時には2mも超えました。これはアメリカバイソンの2倍以上。角を構えて突進する姿は、さぞ迫力満点だったでしょう。

アメリカバイソンが草原に棲んでいたのに対し、ジャイアントバイソンは森に棲み、木の葉を食べていたようです。絶滅の原因は、寒冷化が進んで森林が縮小したことや、より環境に適応した現生種との競争に敗れたことなどが指摘されています。

ジャイアントバイソンを駆逐したアメリカバイソンも、19世紀には大受難を迎えます。西部開拓がはじまり、ネイティブ・アメリカンの抵抗を抑えるために、その生活資源だったバイソンの根絶がはかられたからです。現在は手厚く保護され、絶滅の危機を脱しました。

MORE DETAILS

バイソンはアメリカ合衆国では、バッファローと呼ばれます。本来は水牛を指す言葉で、誤用とされていますが、バッファローの方が勇ましい感じがしますね。現在は、アメリカの国獣に指定されています。

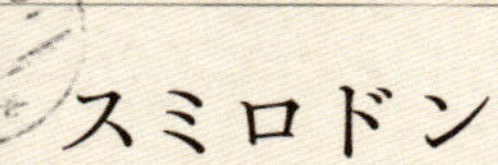

スミロドン

英名：Smilodon　学名：Smilodon

分類：哺乳綱 食肉目 ネコ科　生息：更新世（258万年－1万年前）

分布：南北アメリカ　全長：約2m

剣のような牙をもつ「古代トラ」

絶滅した哺乳類のなかで、マンモスと並んで有名なのが、長い牙をもつサーベルタイガーの仲間です。その代表格が、約250万年前から1万年前に、南北アメリカ大陸に生息していたスミロドンです。
体長は2ｍほど。トラやライオンなど、ほかのネコ科大型動物とあまり変わりません。特徴的なのは、下に長く突き出した牙。アゴの関節は120度以上に大きく開きました。前脚は強力で、獲物を押さえつけるのに適しています。
ただ、恐ろしげな見た目ですが、ハンターとしての優秀さには疑問符も。四肢が短くて走るのはそれほど速くなかったようです。獲物を追いかけて捕まえるのではなく、待ち伏せ型の狩りをしていたと推測されています。
草食獣が身を守るために逃げるスピードを速め、ジャガーやピューマなどより敏捷なネコ科肉食獣が進出してくると、次第に衰滅に向かいます。

MORE DETAILS

学名は「ナイフの歯」という意味。スミロドンの牙は、上アゴの犬歯が発達したもので、長さは24cmにも達しました。この牙を使ってマンモスやバイソンなどの大型の動物のやわらかい部分を上から突き刺し、大量出血させて仕留めていたと考えられています。

ウーリーマンモス

英名：Woolly Mammoth　学名：Mammuthus primigenius
分類：哺乳綱　長鼻目　ゾウ科
生息：更新世後期（50万年－1万年前）
分布：シベリア、北米　全長：約 5.4 m

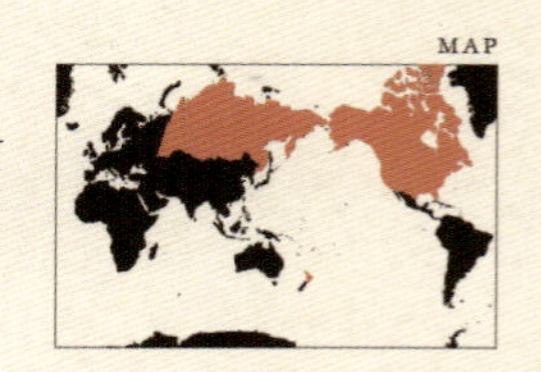

人類が狩った、毛むくじゃらのゾウ

マンモスはおよそ500万年前にアフリカで生まれ、アジア、ヨーロッパ、南北アメリカに生息し、多くの種が繁栄しました。肩の高さが4.8mにも達し、現生アフリカゾウの4mをはるかに上回る仲間もいます。
一般的にマンモスというと、長い毛に覆われ巨大な牙をもった姿を思い浮かべますが、それはウーリーマンモス。雪に覆われたシベリアの原野に生息していたマンモスで、別名ケナガマンモス。肩の高さは2.7－3.5mほどで、アフリカゾウよりも小ぶりでした。
一方で、南北アメリカではマンモスは短毛になります。島に渡って、体高わずか1mあまりにまで小型化したものもいました。
マンモスが絶滅したのは、1万年前から数千年前にかけて。原因は諸説ありますが、人間による狩猟がそのひとつと指摘されています。槍が刺さった化石や、大きな牙でつくった住居が発掘されていますから。
ウーリーマンモスの化石は、日本でも見つかっています。マンモス・ハンターたちも、一緒に来たといわれています。

MORE DETAILS

ウーリーマンモスの耳は現在のゾウよりも小さめ。保温のために小さくなったようです。大きくカーブした長い牙も特徴的ですが、これは武器ではなく、草の上に積もった雪をはらうためのものだそうです。

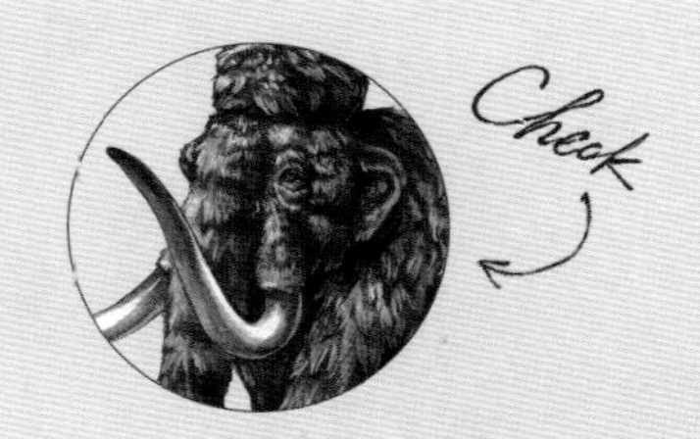

ケブカサイ

英名：Woolly Rhinoceros　学名：*Coelodonta antiquitatis*

分類：哺乳綱　奇蹄目　サイ科

生息：更新世後期（180万年－1万年前）

分布：シベリア、北米　全長：約4m

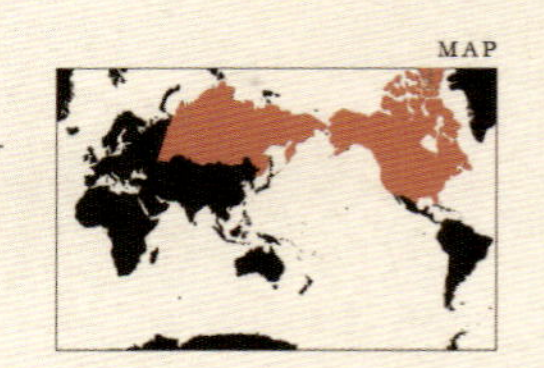

マンモスの忠実なる友

新生代の第四紀は258万年前から現代までの時代。氷河がつくられ陸地がつながり、動物たちの移動範囲が拡大しました。ユーラシア大陸から北アメリカ大陸まで、マンモス・ステップと呼ばれる大草原が広がります。人類もまた、さまざまな地域へと進出しました。

ケブカサイは、マンモス(126P)やオオツノシカと並んで、氷河期を代表する巨大獣です。全長4m体重3−4t。強靭な四肢と角をもち、長い毛に覆われていました。ウーリーマンモスと同じ場所で化石が発見されるので、「ウーリーマンモスの忠実な友」ともいわれます。

この時代の人類は、「マンモス・ハンター」と称されるまでに狩りの技術を発達させました。ユーラシア大陸で大型動物が絶滅した年代は、3万年前から1万年前に集中しています。ケブカサイもまた、そのころに姿を消しました。古代の人類は、洞窟の壁画にケブカサイの姿を多く描き残しています。狩りの対象である彼らを崇め、その恵みに感謝の祈りを捧げていたのでしょうか。

MORE DETAILS

ケブカサイは、現生のシロサイやクロサイと同じく、２本の巨大な角をもっていました。特に前方の角は、長いものでは１mにも達します。この角とヒヅメを使って、雪をかきわけ草などを食べていました。

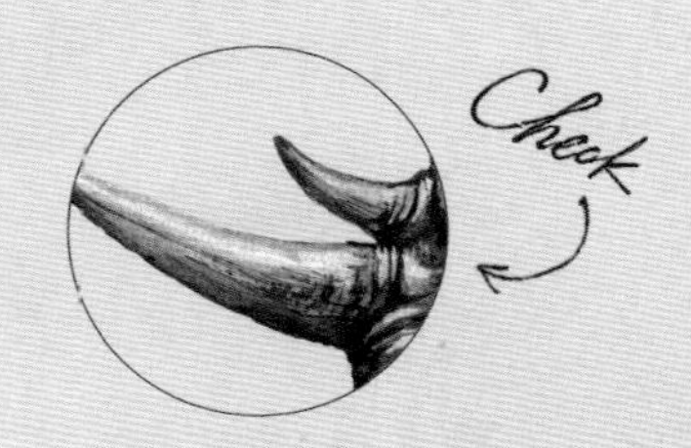

グリプトドン

英名：Glyptodon　学名：Glyptodon
分類：哺乳綱　被甲目　グリプトドン科
生息：更新世（258万年－1万年前）
分布：南米　全長：1－3m

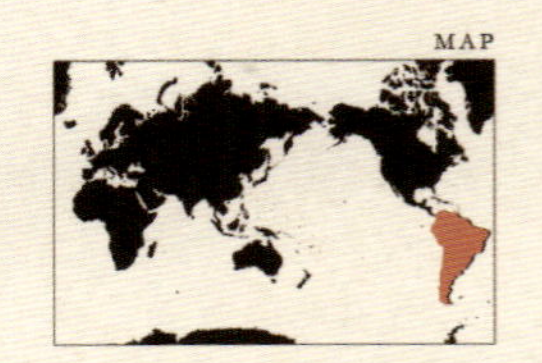

徹頭徹尾の鉄壁ガード

丸い甲羅をかぶり、まるで大きな陸ガメのように見える哺乳類。グリプトドンは、南米で独自の進化を遂げました。最大のものは体長3m、高さ1.3mも。ある古生物学者のつけたあだ名は「哺乳類のカメ」。植物食で、動きは鈍かったようですが、甲羅は頑丈。同時代の最大の強敵、スミロドンの牙もはね返しました。頭にもまるで帽子のような甲羅がありました。太く長い尾もウロコで覆われ、襲ってくる敵を追い払いました。

およそ300万年前、パナマ地峡の形成で多くの南米の固有種が滅びていくなかで、鉄壁の防御力を誇るグリプトドンは、メガテリウム(132P)と同じように、北米の南部にまで進出しました。

しかし、およそ1万3000年前頃に人類が南アメリカに進出すると、運命は暗転。甲羅は戦士の盾や道具入れとして重宝がられ、狩りたてられました。近縁種のアルマジロは、肉が美味とされていますが、グリプトドンもきっとおいしく食べられたことでしょう。

MORE DETAILS

グリプトドンの甲羅は、小さな五角形の皮骨がびっしりと組み合わさっています。その厚さは2㎝。甲羅にはアルマジロのような継ぎ目がないので、身体を丸めることができません。そのためカメのように手足を折り、腹を地面につけることで身を守りました。

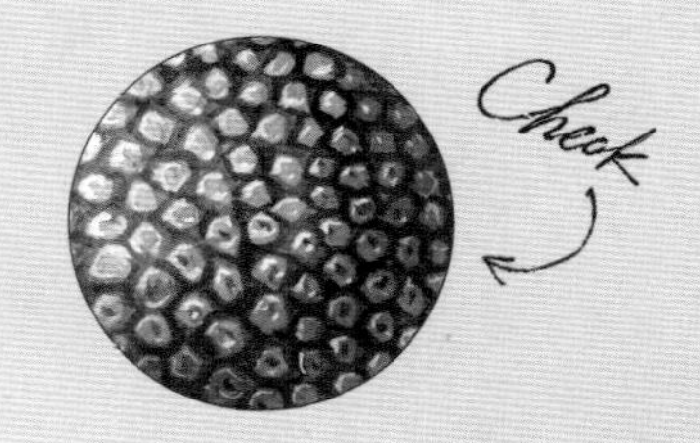

Check

EXTINCT

メガテリウム

英名：Megatherium　学名：Megatherium

分類：哺乳綱　有毛目（ゆうもう）　メガテリウム科

生息：更新世後期（180万年－1万年前）

分布：南米　全長：6－8m

家ほど大きなナマケモノ

およそ180万年前から1万年前。メガテリウムは、南米に生息していた巨大なナマケモノの仲間です。現生のナマケモノは樹上に棲み、サルほどの大きさしかありません。けれどメガテリウムは地上性で、体長は最大で約8m、重さは3tも。後脚で立ちあがると、アフリカゾウよりも高くなりました。

前脚には大きくて鋭いカギ爪があり、四足歩行をするときには手の甲を地面につけ、ナックルウォークで移動していました。

300万年前のパナマ地峡の形成で、南米の多くの固有種は滅びていきました。けれどメガテリウムの仲間は逆に、北米にも進出します。あまりにも巨大で、長い毛の下の皮膚は硬質。スミロドン（124P）も簡単には手を出せない、無敵の生物だったにちがいありません。

しかし約2万年前、人類がアメリカ大陸に入ってきました。動きの遅いメガテリウムは、恰好の狩猟対象となったことでしょう。ネイティブ・アメリカンには、メガテリウムと思われる巨大生物との遭遇伝承が残っています。

MORE DETAILS

メガテリウムは皮膚や体毛の化石も残っています。皮膚の下は粒子状の皮骨で覆われ、まるで鎖帷子（かたびら）を身にまとっているようでした。この皮骨がさらに発達して鎧となったのが、近縁のグリプトドン（130P）などアルマジロの仲間です。

ディプロトドン

英名：Diprotodon　学名：Diprotodon
分類：哺乳綱　双前歯目　ディプロトドン科
生息：更新世後期（180万年－1万年前）
分布：オーストラリア　全長：約3.3m

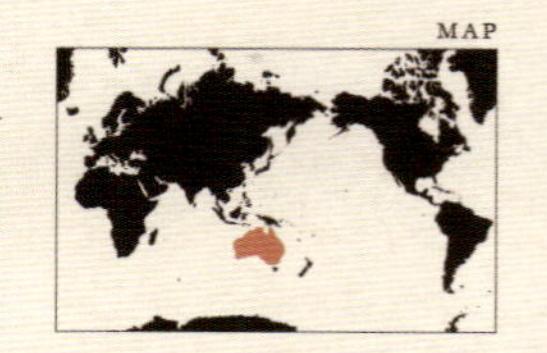

巨大すぎるコアラの先祖

ディプロトドンは、約180万年前から1万年前にかけて、オーストラリアに生息していた巨大な有袋類です。体長は3mを超え、体重はおよそ3t。有袋類としては史上最大でした。四肢が短く、どっしりとした身体つきはクマに似た感じがします。しかしなんと、コアラやウォンバットの先祖なのです。性格はおとなしく、草食性でした。

オーストラリアにはかつて、ディプロトドンのほかにも、体長3mの巨大カンガルーや鋭い牙をもつ肉食のフクロライオンなど、大型の有袋類たちが繁栄していました。しかしみな、同時期に姿を消しています。

アフリカで生まれた人類が、はじめてオーストラリア大陸に足を踏み入れたのは約4万7000年前のこと。先住民族アボリジニの先祖です。

彼らは、後に野生化してディンゴとなる狩猟犬を連れていました。

大型有袋類が相次いで絶滅したのは、人類が大いに関わっていたと考えられます。

MORE DETAILS

ディプロトドンの頭骨は約70cmもありました。鼻腔が非常に大きく、そのため顔つきがコアラによく似ています。嗅覚は鋭かったようです。また、前歯が平たく伸びていて、この歯を使って植物の根などを食べていました。

メガラダピス

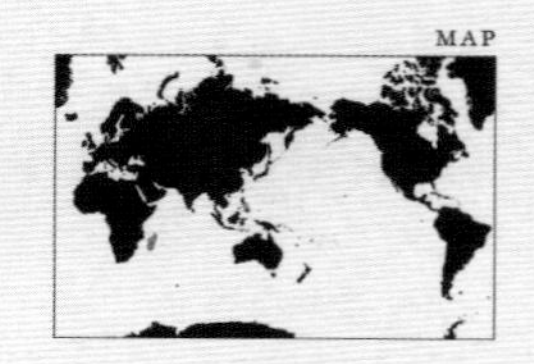

英名：Megaladapis　学名：Megaladapis

分類：哺乳綱　霊長目　キツネザル科　絶滅：1500年代

分布：マダガスカル島　全長：約1.5m

ゴリラのようなキツネザル

メガラダピスはキツネザルの仲間で、インド洋に浮かぶマダガスカル島に生息していました。全長約1.5m、体重は推定100kg弱。現生で最大のインドリをはるかに上回る、巨大キツネザルでした。

キツネザルは霊長目のなかでも、原始的なサルです。競争相手のいないマダガスカル島で独自のさまざまな進化を遂げ、現在でも50種ほど生息しています。メガラダピスはほかのキツネザルとは違い、四肢も尾も短く、ゴリラを思わせる姿。樹上に棲み、主食は木の葉や果実、花でした。

2000年ほど前のこと。キツネザルの天国でもあったこの島に、人間が上陸しました。森林開発や狩猟によって巨鳥エピオルニス(72P)が滅び、メガラダピスもまた、今から500年ほど前に地上から姿を消しました。

19世紀の中頃、島を訪れたオランダ人は村人から「人間のように直立して歩くキツネザル」の話を聞きます。今でも島には、不思議な獣人の伝説が語り継がれています。

MORE DETAILS

メガラダピスの頭骨は全長だけでなんと30cm。けれど脳は小さく、ゴリラやチンパンジーほど頭はよくなかったようです。また犬歯と臼歯が大きく発達していて、植物を食べるのに適していました。

オーロックス

英名：Aurochs　学名：Bos primigenius

分類：哺乳綱　鯨偶蹄目　ウシ科　　絶滅：1627年

分布：ヨーロッパ、北アフリカ、アジア　全長：2.5－3m

ラスコー洞窟に描かれた野生ウシ

1万5000年前のフランスのラスコー洞窟の壁画には、角の長い大きな野生のウシが描かれています。これがオーロックス。現在の家畜のウシの祖先であることから、「原牛」とも呼ばれます。

体長は2.5－3m、角は80cmもありました。体色はオスが黒、メスが褐色。生物学上の種としては家畜のウシと同じで、学名も一緒です。200万年前に南アジアで進化し、先史時代にはユーラシア大陸と北アフリカに広く分布。しかし、狩猟と家畜化によって、紀元前にほとんどの地域で消滅しました。ヨーロッパでは中世まで細々と生き延びたものの、貴族たちは「禁猟区」と称して囲い込み、特権的な狩猟を楽しみました。1564年には38頭にまで減少。1627年にポーランドの森で最後のメスが死にました。

1920年代にドイツのミュンヘン動物園で、原種に近い牛を掛け合わせることによって、オーロックスの再生に成功。この復元されたオーロックスはやや小柄であり「ヘックキャトル」と呼ばれます。

MORE DETAILS

オーロックスの角の特徴は、弓なりに曲がっていること。根元から上向きに外側へ、そして前向きに曲がり、先端はまた上向きに内側へ、というように3つの曲線を描きます。巨大な角を支えるために、オーロックスの額はとても広くなっています。

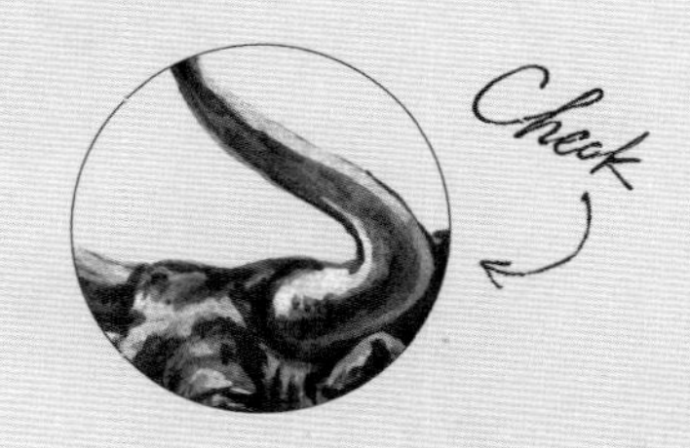

ブルーバック

英名：Bluebuck　学名：Hippotragus leucophaeus

分類：哺乳綱 鯨偶蹄目 ウシ科　絶滅：1800年

分布：南アフリカ　全長：約2m

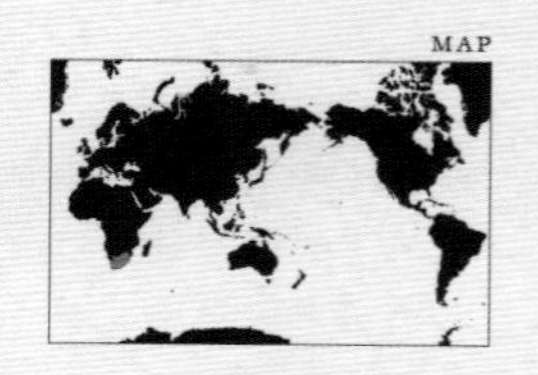

輝く青き毛並みをもつ獣

ブルーバックは容姿こそシカに似ていますが、ウシ科のレイヨウの仲間です。

身体の上と側面は光沢のある美しい青灰色、下は淡い灰色。たてがみは短く、ウマのようなふさふさした尻尾がありました。林の点在する開けた平原で、オスとメスのつがいか、小さな群れで行動する草食獣でした。

もともと生息地が極めて狭く、個体数も少ない動物でした。彼らの不運は17世紀、ボーア人（南アフリカのオランダ系移民）がケープ地方に入植したことからはじまります。輝く毛皮と立派な角をもつブルーバックに、開拓者たちはこぞって銃を向けました。優雅なスポーツ・ハンティングの対象にもしたのです。牧畜と農業によって棲みかは奪われ、保護されることもなく、地上から姿を消しました。発見からおよそ200年後のことです。

剥製は世界でたった4体しか残っておらず、生態についても詳しいことはわかっていません。

MORE DETAILS

オスの角の長さは50－60㎝。大きな弧を描き、後方に伸びます。表面に20－35個の節があり、アイベックスの角（154P）と似ています。同じブルーバック属のローンアンテロープやセーブルアンテロープのものよりも軽量です。

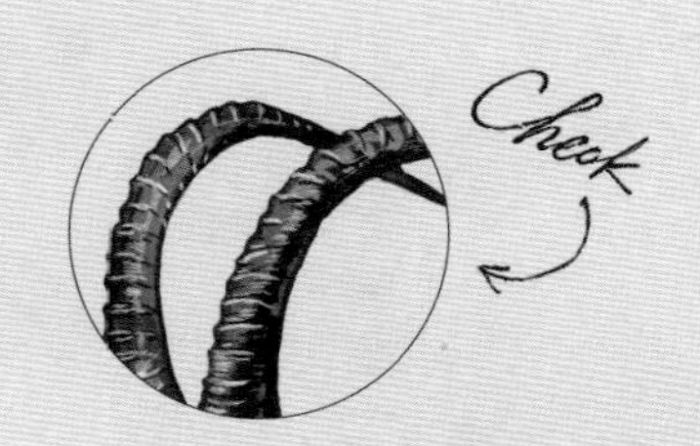

クアッガ

英名：Quagga　学名：Equus quagga quagga

分類：哺乳綱　奇蹄目　ウマ科　絶滅：1883年

分布：南アフリカ共和国　体長：約2.4m

馬車をひいた半身シマウマ

現在の南アフリカ共和国南部には、固有の動植物が生息する美しい平原が広がっていました。嵐のはじまりは、オランダの東インド会社によるアフリカの植民地化。1652年、ケープ地方にオランダ人が次々に入植し、大型哺乳類の多くが絶滅していきました。シマウマの仲間のクアッガもそのひとつです。

クアッガは、頭部と首に縞模様があり、背中とお尻は赤茶一色なのが特徴。まるで「シマウマになる途中」といった姿でした。40頭ほどの群れをつくって草を食み、天敵には噛みつきと蹴りで反撃しました。

ボーア人と呼ばれたオランダ移民たちは、クアッガの毛皮を珍重し、肉は使役している原住民に与えました。1861年、最後の野生の個体が射殺され、1883年、アムステルダムの動物園で飼われていた最後のメスが死にました。

人間には比較的馴れやすく、貴族たちの馬車を引かせたりもしたそうです。

MORE DETAILS

南アフリカでは、サバンナシマウマの交配により、クアッガを再生するプロジェクトが進行中。世代を重ねるたびにクアッガの特徴が強く現れるようになり、現在6頭。彼らは「ラウ・クアッガ」と命名され、50頭になったら、群れを一か所に集めて育てる予定です。

EXTINCT

カリフォルニアハイイログマ

英名：California Golden Bear　学名：Ursus arctos californicus
分類：哺乳綱　食肉目　クマ科　絶滅：1924年
分布：米国・カリフォルニア州　体長：約3m

独立軍の旗印になったクマ

かつて北アメリカには、ヒグマの仲間である大型のハイイログマが広く分布していました。グリズリーとも呼ばれます。今では生息域が狭まり、アラスカとカナダを除くと、アメリカ本土には1000頭ほどしか残っていません。このうちカリフォルニア州に棲んでいた亜種が、カリフォルニアハイイログマです。

体長が3mにも達し、ほかのハイイログマよりもやや大型。筋肉が発達し、肩にはコブが盛りあがっていました。

1848年に金鉱が発見されると、カリフォルニアに開拓民が押し寄せます。彼らの家畜を襲うことから、大規模なクマ駆除がはじまりました。1880年代にはほとんど姿が見られなくなり、1924年の目撃情報が最後となりました。

獰猛で勇敢なカリフォルニアハイイログマは、カリフォルニア州のアメリカ人たちがメキシコからの独立戦争を起こした際、独立軍の旗印に使われました。1911年に正式に州旗になりましたが、クマはもうここにはいません。

MORE DETAILS

カリフォルニアハイイログマの爪はよく使い込まれ、黄色くささくれだっています。しかし冬眠から覚めて巣穴から出るころには、先端は尖り長く伸びていました。この爪を先住民たちは、首飾りなどの装飾品に好んで用いました。

フクロオオカミ

英名：Thylacine　学名：Thylacinus cynocephalus
分類：哺乳綱　フクロネコ目　フクロオオカミ科　絶滅：1936年
分布：オーストラリア・タスマニア島　体長：1.3 – 1.4m

嫌われ者になった奇妙な「オオカミ」

オーストラリアの南に位置するタスマニア島。そこにはフクロオオカミという不思議な獣が生きていました。姿はオオカミそっくりですが、実はカンガルーやコアラと同じ有袋類でした。

体長は1mあまり。背中の後ろ半分から尾にかけては、トラのような縦縞模様がありました。そのため、タスマニアタイガーとも。夜行性で、小動物を捕らえる肉食獣でした。

かつてはオーストラリア本土にも生息していました。しかし、先住民のアボリジニが連れてきたイヌ（ディンゴの祖先）との競争に敗れ、3000年ほど前に本土では絶滅。タスマニアでは、18世紀にやってきたヨーロッパ人に「家畜の敵」「ハイエナ」と呼ばれ、報奨金をかけて殺戮されました。

最後の1頭の名はベンジャミン。動物園で保護され、1936年に死にました。歩きまわり、欠伸をする生前の様子が、白黒のフィルムで残されています。

MORE DETAILS

フクロオオカミの顔つきと鋭い歯は、オオカミとそっくりです。ただしオオカミの門歯の数は16本で、フクロオオカミは14本。アゴの骨はヘビのように2段階、120度まで開きました。耳元まで裂けた大きな口も、忌み嫌われる原因となったのかもしれません。

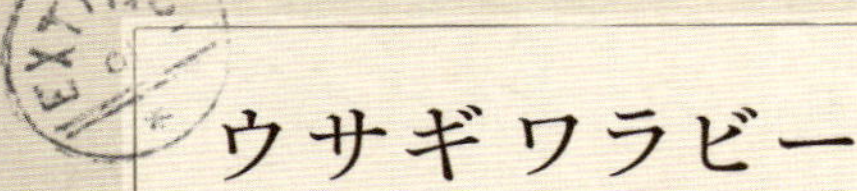

ウサギワラビー

英名：Eastern Hare-Wallaby　学名：Lagorchestes leporides

分類：哺乳綱　フクロネズミ目　カンガルー科　絶滅：1938年

分布：オーストラリア南部　体長：約50cm

ハイ・ジャンプならおまかせ

オーストラリアには、有袋類のカンガルーの仲間がたくさんいます。そのうち小型のものがワラビーと呼ばれます。ウサギワラビーは、耳がやや長く、丸くうずくまっている姿がウサギによく似ていました。身体の大きさは50cmほどで、尾は30cm。体毛は長くやわらかく、ノウサギのような褐色です。ヒガシウサギワラビーともいいます。

夜行性の草食動物で、日中はヤブの中で眠りました。基本的な習性はカンガルーと同じ。後足で跳ね、お腹の袋で子どもを育てていました。

かつてはオーストラリアの南東部の平原でごくふつうに見られ、1863年にはまだ、「たくさんいる」と記録されています。しかしわずか半世紀後の1937年には「絶滅に瀕している」と報告され、まもなくひっそりと消息を絶ちました。絶滅の原因は、生息地の草原が牧場や畑に開拓されたこと。人間がもち込んだネコやキツネの犠牲にもなったようです。

MORE DETAILS

ウサギワラビーは小さな身体にもかかわらず、一跳びで2.5－3mもの跳躍力がありました。イヌに追われたワラビーが、人間の頭上をはるかに越えて跳んだとも、記録されています。

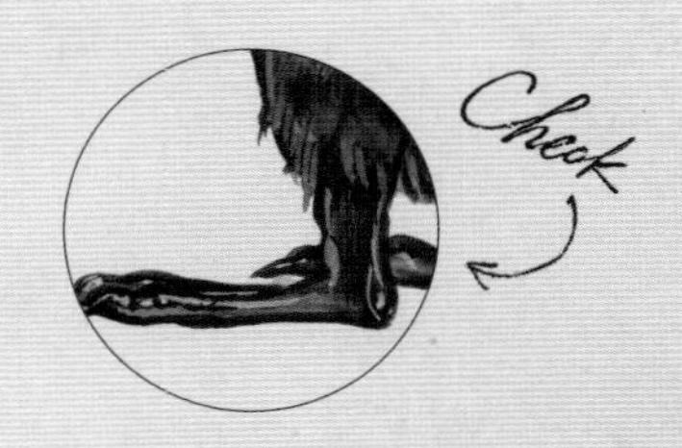

EXTINCT

ブタアシバンディクート

英名：Pig-Footed Bandicoot　学名：*Chaeropus ecaudatus*

分類：哺乳綱 バンディクート目 バンディクート科　絶滅：1960年代

分布：オーストラリア南部　体長：23-25cm

変な足をした喧嘩好き

バンディクートの仲間は、オーストラリアに棲む小型の有袋類。耳が長いため、「フクロウサギ」とも呼ばれます。口先が細長く突き出ていて、トガリネズミに似ています。夜活動し、昆虫なども食べる雑食性。エサを探すときには長い鼻を使って土を掘り返します。また、お腹に子育ての袋があるのに、不完全ながらも、なんと胎盤をもっています。ブタアシバンディクートの特徴は、名前の通りのブタによく似た脚。指が中央の2本だけ発達し、ヒヅメによく似た小さな爪がついています。尾は10－14 cmと長く、頭胴長の半分以上に達することも。なわばり意識は強く、可愛い見た目に反して仲間同士で激しく争い、尾が切れてなくなってしまうことがあります。
開けた草原や森林に、かつてはたくさん生息していました。しかし生息地の開拓などが原因で、19世紀の半ばには減少。1960年代以降、目撃の情報はありません。

MORE DETAILS

バンディクートの仲間、チビミミナガバンディクートは日本でも有名です。1930年代に絶滅していますが、90年代、子供向け番組「ポンキッキシリーズ」のキャラクターとして登場。自分の名前がついた歌を歌って評判になりました。

EXTINCT

ボリエリアボア

英名：Round Island Burrowing Boa　学名：Bolyeria multocarinata

分類：爬虫綱　有鱗目 ツメナシボア科　絶滅：1975 年

分布：モーリシャス諸島　全長：約1m

楽園に棲んでいたヘビの受難

インド洋に浮かぶ楽園、モーリシャス諸島。ボリエリアボアは、宗教上の憎しみのせいで、その楽園から追われた哀れなヘビです。
体長は1mほどで、ボアの仲間にしてはかなり小型。ヤシ林の下で、地面に堆積した落ち葉の中に巣をつくっていました。とても臆病な性格で、毒ももたず、トカゲや昆虫を食べていました。
17世紀にモーリシャスがオランダの植民地になったときから、ボリエリアボアの受難がはじまりました。ヘビはキリスト教では、イヴをそそのかして知恵の木の実を食べさせた悪魔の化身。キリスト教徒たちはボリエリアボアを忌み嫌い、手当たり次第に殺しました。島の支配者は18世紀にはフランス、19世紀にはイギリスに代わりましたが、事態は変わりません。
ヤシ林の乱伐で棲みかを奪われたことも重なり、本島ではいつの間にか絶滅。ラウンド島という小さな無人島にわずかに生き残っていましたが、そこでの目撃報告も、1975年を最後に途絶えてしまいました。

MORE DETAILS

学名は「穴を掘るボア」の意。身体は筒状で、鼻先は尖っていました。背側の体表の色は明るい茶色で、黒い斑点があり、腹側はピンクと黒のまだら模様になっていました。

ピレネーアイベックス

英名：Pyrenean Ibex　学名：Capra pyrenaica pyrenaica

分類：哺乳綱　鯨偶蹄目　ウシ科　絶滅：2000年

分布：スペイン・ピレネー山脈　体長：1.2−1.4m

絶滅からのクローン再生第一号

ピレネーアイベックスは、野生のヤギです。フランスとスペインの国境にそびえる、ピレネー山脈に生息していました。スペインアイベックスの４つの亜種のひとつで、「ブカルト」ともいいます。

アイベックスの仲間は群れをつくって暮らし、頑丈で強い脚で険しい岩場を、駆けあがることができます。角や身体すべてが病気の特効薬になると珍重され、狩猟の対象になりました。ピレネーアイベックスは急速に減少し、20 世紀初頭には数十頭に。国立公園で保護されていましたが、2000 年にセリアという名前の最後のメスが死に、種は絶滅しました。

2003 年、彼女から採取した皮膚細胞をヤギに移植し、クローン個体の再生に成功。これは絶滅生物の再生成功第一号となりましたが、生まれてわずか 10 分後に呼吸不全によって、死亡しました。

スペインアイベックスで最初に絶滅したのは、ポルトガルアイベックス。ピレネーアイベックスは２番目でした。残るあと２亜種は増加傾向にあります。

MORE DETAILS

ピレネーアイベックスのオスは、三日月のように大きくカーブする、太い角をもっていました。角にはリング状の節があり、年齢とともに増えていきます。巨大な角は壁飾りにされ、美しい音楽を奏でる笛にもなりました。

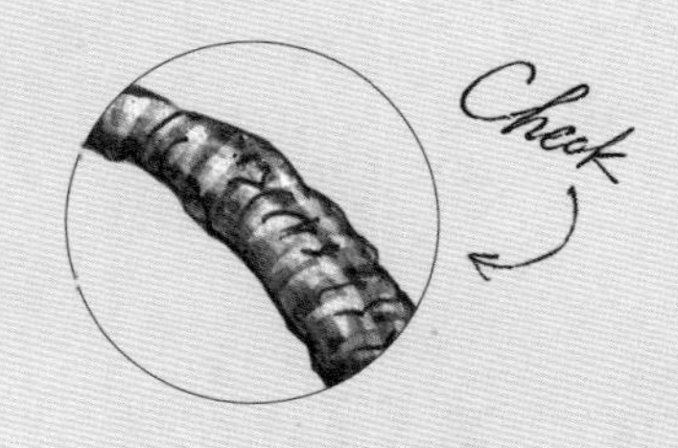

シフゾウ

英名：Pere David's Deer　学名：*Elaphurus davidianus*
分類：哺乳綱　鯨偶蹄目　シカ科　　野生絶滅
分布：中国北部－中央部　体長：約2.2m

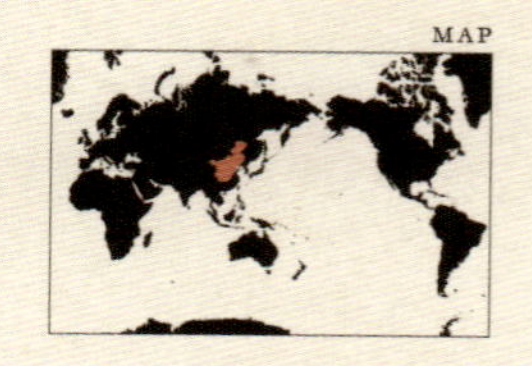

隠されていた皇帝の神獣

角はシカ。ヒヅメはウシ。頭はウマ。尾はロバ。4つの動物に似ているけれど、そのどれでもない。伝説の神獣シフゾウは、中国語では「四不像（スープーシァン）」と呼ばれています。現実のシフゾウは、シカ科の獣です。

かつて中国北部から中部にかけて、沼地に生息していたと思われています。野生での生態は不明。1865年、フランスのダビッド神父が中国に滞在していたときには、清朝皇帝のもつ広大な庭園で飼育されていただけでした。神父がこの珍獣を本国に紹介すると、ヨーロッパ中の動物園でブームが起こります。そしてシフゾウの運命は、波乱に満ちていくのでした。1900年、中国では義和団の乱が起こり、その混乱で1頭のメスを残して全滅。1918年には、ヨーロッパでも中国でも死に絶えました。神獣は地上を去り、もうどこにもいない。誰もがそう思っていたのですが、なんとイギリスの名家・ベドフォード公爵の荘園で、ひっそりと飼育されていました。現在、世界中の動物園にいるシフゾウはみな、その子孫です。

MORE DETAILS

シフゾウの特徴は、オスの角が複雑に枝分かれすること。まず根元から上で前後２本に分かれます。さらに前大枝の先端が左右に分かれ、それぞれ小枝が伸びていき……といった具合に。こんな角をもつシカはシフゾウだけです。

索引 *INDEX*

絶滅生物一覧（五十音順）

ア行

カ行

サ行

タ行

ハ行

マ行

ヤ・ラ・ワ行

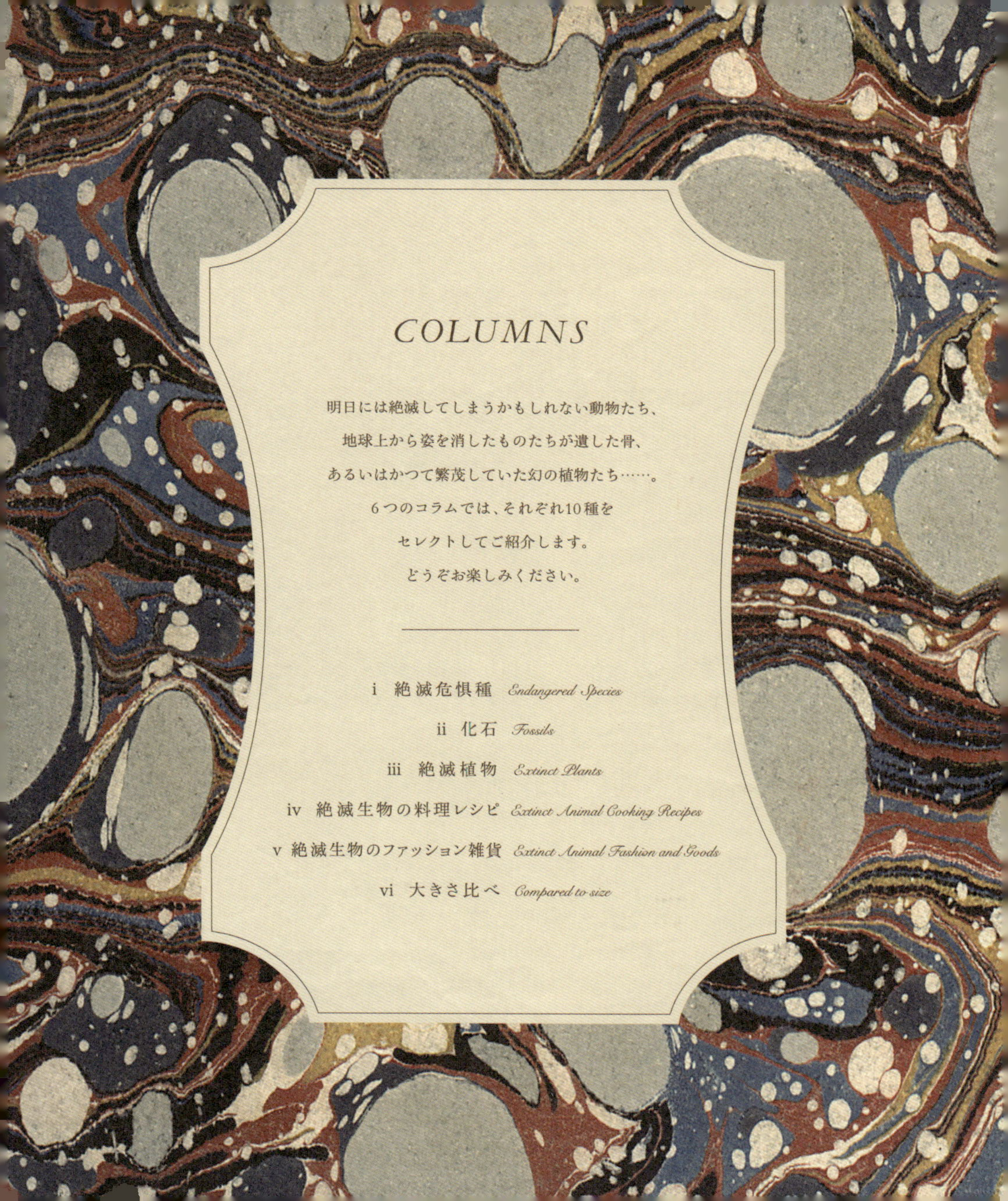

COLUMNS

明日には絶滅してしまうかもしれない動物たち、
地球上から姿を消したものたちが遺した骨、
あるいはかつて繁茂していた幻の植物たち……。
6つのコラムでは、それぞれ10種を
セレクトしてご紹介します。
どうぞお楽しみください。

絶滅危惧種

ENDANGERED SPECIES

絶滅危惧種とは、近い将来に絶滅してしまう恐れがある動植物のことです。
IUCN（国際自然保護連合）による2017年度版のレッドリストでは、
2万5821種が絶滅危惧種とされています。
ここでは、その一部を紹介します。

［絶滅の危機にある動物のカテゴリー］

RED LIST			
絶滅種	EW *Extinct in the Wild*	野生絶滅種	飼育下で、過去の分布地域外に生存している。
絶滅危惧種	CR *Critically Endangered*	近絶滅種 ［絶滅危惧ⅠA類］	ごく近い将来、絶滅の危険性が極めて高い。
	EN *Endangered*	絶滅危惧種 ［絶滅危惧ⅠB類］	やや近い将来、野生での絶滅の危険性が高い。
	VU *Vulunerable*	危急種 ［絶滅危惧Ⅱ類］	絶滅の危険性が増大している。
準絶滅危惧種	NT *Near Threatened*	近危急種 ［準絶滅危惧種］	現在、危険度は小さいが、絶滅危惧種に移行する可能性が高い。

（IUCN「レッドリスト」参照）［ ］内は環境省の呼称。

チンパンジー *Chimpanzee*

分類：霊長目ヒト科
学名：Pan troglodytes
体長：70-90cm
分布：西・中央アフリカ

人間と共通の祖先をもち、DNAの違いは1－4％程度。ペットや食用とされ、密猟が絶えない。生息数は20万頭ほど。

□ EW ←	□ CR ←	☑ EN ←	□ VU ←	□ NT

Endangered……絶滅危惧種［絶滅危惧IB類］

アカウミガメ *Loggerhead Turtle*

分類：カメ目ウミガメ科
学名：Caretta caretta
体長：（甲羅）80-100cm
分布：太平洋、大西洋、インド洋

現在、日本で産卵するメスは約1万頭。海神の使いとして、昔話にも登場。環境破壊や乱獲のため、数を減らしている。

□ EW ←	□ CR ←	□ EN ←	☑ VU ←	□ NT

Vulnerable……危急種［絶滅危惧II類］

オオヤマネコ *Eurasian Lynx*

分類：食肉目ネコ科
学名：Lynx lynx
体長：70－130cm
分布：ヨーロッパ、シベリア

別名ヨーロッパオオヤマネコ、シベリアオオヤマネコ。大柄で、尾の長さは20㎝にもおよぶ。三角の耳の黒い飾り毛が特徴。かつては、ありふれた動物だったが、駆除や毛皮目的の乱獲のため激減。現在、亜種とされるスペインオオヤマネコの絶滅が危惧されている。

□	□	☑	□	□
EW ←	CR ←	EN ←	VU ←	NT

Endangered……絶滅危惧種［絶滅危惧IB類］

※種によっては絶滅危惧種

ジュゴン *Dugong*

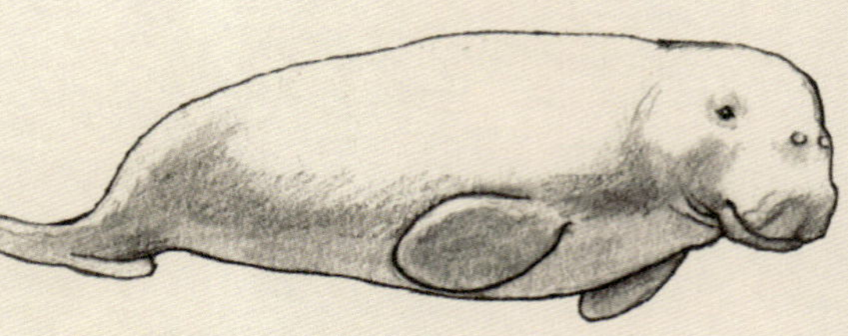

分類：ジュゴン目ジュゴン科
学名：Dugong dugon
体長：約3m
分布：インド洋、西太平洋、紅海

水棲哺乳類で、人魚のモデルとされる。肉がおいしく、食用として捕獲されてきた。生息数は推定10万頭。沖縄でも見られる。

□	□	□	☑	□
EW ←	CR ←	EN ←	VU ←	NT

Vulnerable……危急種［絶滅危惧Ⅱ類］

ハシビロコウ *Shoebill*

分類：ペリカン目ハシビロコウ科
学名：Balaeniceps Rex
体長：1-1.5m
分布：アフリカ東部－中部

「動かない怪鳥」として有名。水辺に棲むが、生態については謎が多い。環境破壊のため、生息数5千－8千羽ほどに激減。

□ EW ←	□ CR ←	□ EN ←	☑ VU ←	□ NT

Vulnerable ……危急種［絶滅危惧Ⅱ類］

オカピ *Okapi*

分類：鯨偶蹄目キリン科
学名：Okapia Johnstoni
体長：約2m
分布：コンゴ民主共和国

三大珍獣のひとつで、脚の縞模様が美しい。あだ名は「森の貴婦人」。肉や毛皮が密猟の対象とされ、生息数は1万頭ほど。

□ EW ←	□ CR ←	☑ EN ←	□ VU ←	□ NT

Endangered ……絶滅危惧種［絶滅危惧ⅠB類］

スマトラトラ *Sumatran Tiger*

分類：食肉目ネコ科
学名：Panthera tigris sumatrae
体長：2.2－2.7m
分布：インドネシア・スマトラ島

□ □ □ □ □
EW ← CR ← EN ← VU ← NT

Critically Endangered……近絶滅種［絶滅危惧IA類］

スマトラ島の熱帯雨林に生息する固有種。トラの仲間ではもっとも小さい。オスは、頬の毛が長いことが特徴。広いなわばりを必要とするが、森林破壊のため激減。毛皮をねらわれ、密猟も絶えない。生息数は推定400－500頭。

クロマグロ *Pacific bluefin tuna*

分類：スズキ目サバ科
学名：Thunnus orientailis
体長：約3m
分布：太平洋

寿司ネタや刺身など、幅広く利用される食用魚。日本の消費量は世界一で、ホンマグロともいう。高速で回遊することでも有名。幼魚乱獲のため激減し、2014年、「VU（危急種）」に移行した。

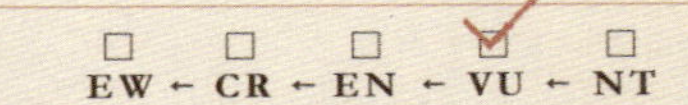

カブトガニ
Japanese Horseshoe Crab

分類：カブトガニ目カブトガニ科
学名：Tachypleus tridentatus
体長：50－60cm
分布：日本、中国、北米東部

２億年前から姿が変わらない「生きた化石」として有名。カニよりもクモ・サソリに近い。日本のレッドリストでは、絶滅危惧Ⅰ類で、天然記念物。アメリカでは同科の生息数は多くＩＵＣＮによる評価は「DD（データなし）」。

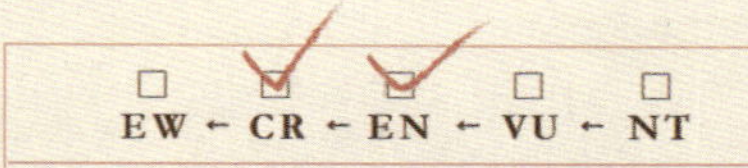

【環境省】

インドサイ
Indian rhinoceros

分類：奇蹄目サイ科
学名：Rhinoceros unicornis
体長：3－4m
分布：インド北東部、ネパール

角が漢方薬として重宝され、金よりも高く取引される。バングラディッシュ、ブータンでは絶滅。生息数は２千500頭ほど。

EW ← CR ← EN ← VU ← NT

Vulnerable ……危急種［絶滅危惧Ⅱ類］

化石

FOSSILS

太古の生物の死骸や痕跡が、長い年月をかけて化石となって、
地層の中に残されました。過去の地球からの、大切なメッセージです。

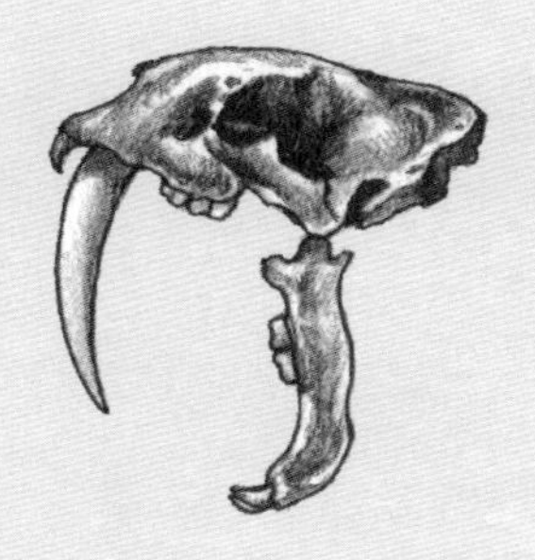

［スミロドンの頭蓋骨］（124P）
下アゴは120度に開き、犬歯は約24cmにも。

［ヘリコプリオンの歯］（32P）
歯は抜け落ちず、螺旋状に巻き込まれてゆく。

［マンモスの歯］（126P）
日本では、北海道で多く出土する。

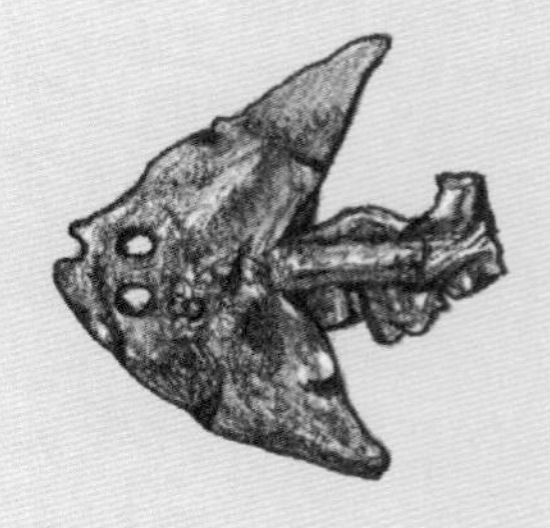

［ディプロカウルスの頭］（36P）
成長につれて、左右に広がってゆく頭骨。

[アウストラロピテクスの頭蓋骨] (118P)
初期人類の脳容量は500ml。ゴリラと同程度。

[ケブカサイの角] (128P)
2本あるうち、前方の角は長さ1mと巨大。

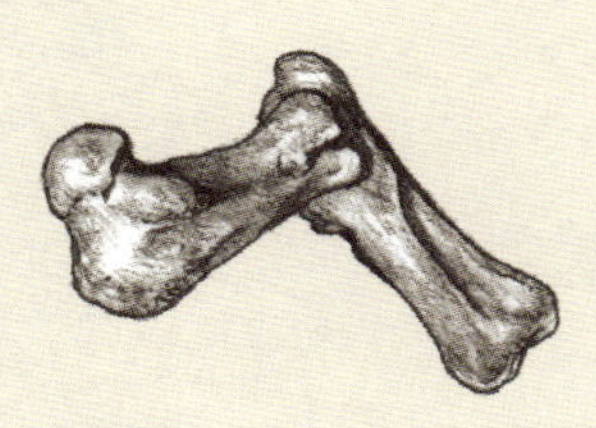

[ステラーダイカイギュウの前脚] (46P)
指の骨が、完全に退化して消えた前脚。

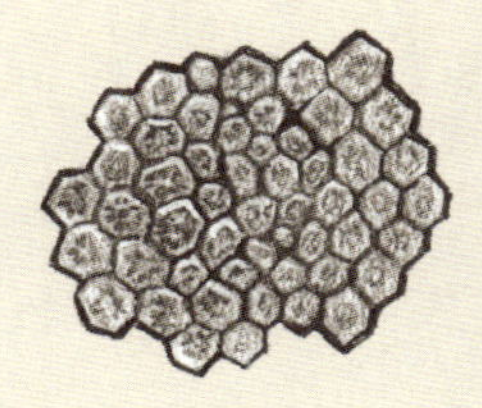

[グリプトドンの甲羅] (130P)
五角形の皮骨が、ビッシリと組み合わさる。

[ハルキゲニアの全体] (22P)
細長い頭部(右側)に、眼や口がある。

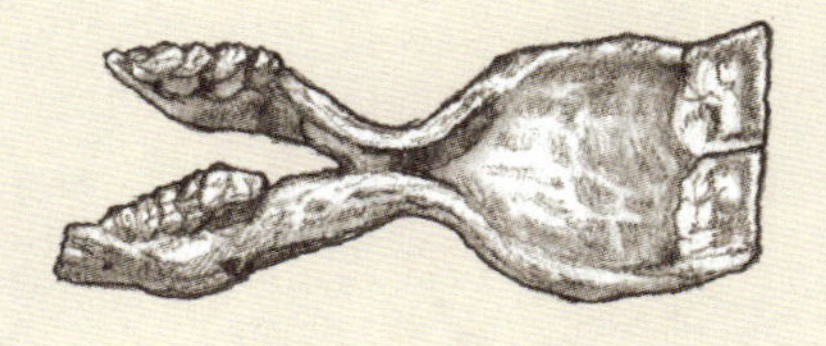

[プラティベロドンの下アゴ] (116P)
長い下アゴには、板のような牙が2枚並ぶ。

絶滅植物

EXTINCT PLANTS

動物と同じように植物も、絶滅と進化の歴史をもっています。
絶滅した種のなかには、巨木となったシダ植物や、
古代の裸子植物などがあります。

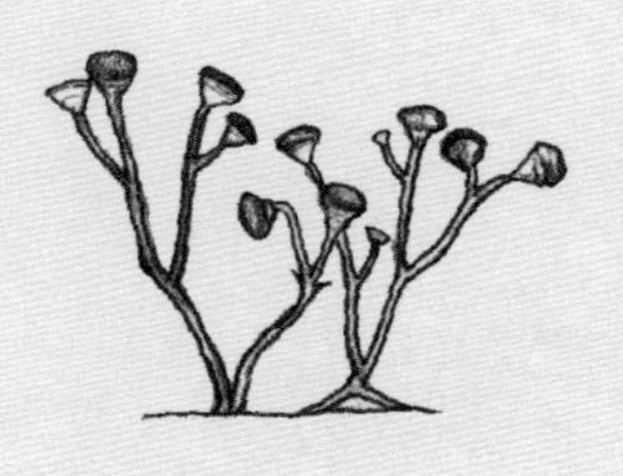

←［クックソニア］

シルル紀中期からデボン紀前期、陸に進出した最古の植物。高さ数㎝ほど。

［スキアドフィトン］↘

デボン紀前期、海から上陸した最古の植物のひとつ。原始的なコケ植物。

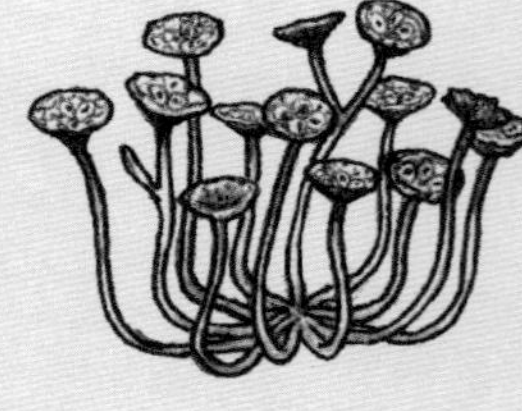

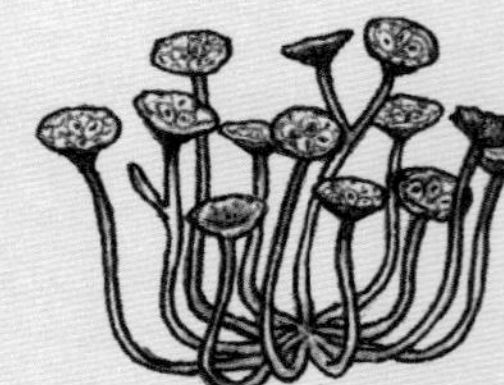

←［アーケアンサス］

白亜紀に登場した被子植物。モクレンに似た白い花を咲かせた。学名は「最初の花」の意。

↑［アーケオプテリス］

最古の樹木といわれる。高さ30mにもなる木性のシダ植物。デボン紀に生息した。

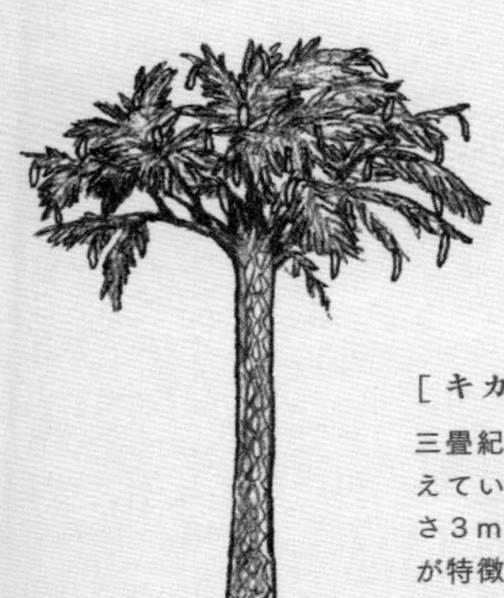

［キカデオイデア］↗

三畳紀から白亜紀に生えていた裸子植物。高さ３ｍほど。球体の幹が特徴。

↑［ロボク］

石炭紀の木性のシダ植物で、高さ15m。森林を形成。石炭のもとになった。

↑［リンボク］

石炭紀の代表的な木性のシダ植物。高さは40m直径２ｍにも達する巨木。石炭のもと。

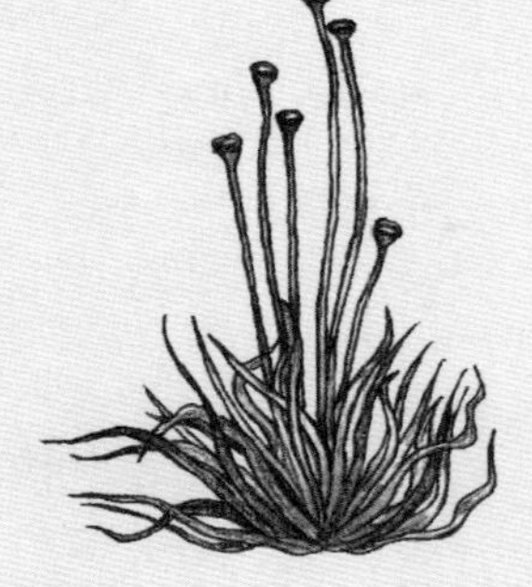

↑［タカノホシクサ］

主に群馬県多々良沼に自生していた単子葉植物。1909年に発見され、50年以内に絶滅。

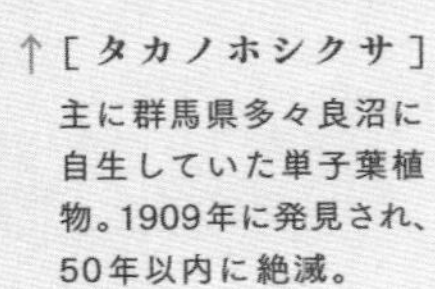

←［ウミユリ］

【番外】植物ではなくヒトデやウニの仲間。カンブリア紀に出現。現在は深海に棲む。

［フウインボク］→

高さ30m。リンボク、ロボクとともに栄え、大森林を形成したシダ植物。

絶滅生物
の
料理レシピ

EXTINCT ANIMAL COOKING RECIPES

食べることは愛に似ています。許されないからこそ、愛は深まります。
今ではもうけっして味わうことのできない、罪深きレシピです。

(文・チョーヒカル)

e.g.1

BOILED

オオウミガラスのゆで卵

オオウミガラスはペンギンにとても似た種です。肉も漁師の食料にされましたが、きっと卵もおいしかったことでしょう。ペンギン同様の半透明のゆで卵、お塩でどうぞ。

SOUP

グアムオオコウモリのスープ

パラオなどでは未だに食べることが出来るコウモリのスープ。魚の血合いのような味がするという人もいます。野菜と一緒に丸ごと煮込んで、肉を崩しながら召し上がれ。

e.g.2

STEAK

ステラーダイカイギュウのステーキ

仔牛のような味がすると言われ捕獲され尽くしてしまったステラーダイカイギュウ。7メートル越えの巨体のやわらかい肉質を、シンプルに楽しめるステーキでどうぞ。

e.g.3

DRINK

ステラーダイカイギュウのミルクシェイク

ステラーダイカイギュウは肉だけではなくミルクも牛乳に味が近くおいしかったとされています。脂肪からはバターも作られたとか。それらをムダ無く使ったミルクシェイクです。

e.g.4

e.g.5

S T E W

ドードーのモツ煮

フルーツが主食のドードーはモツもおいしかったことでしょう。主に人間の連れてきた犬猫に殺されたドードーですが、今回は濃い口醤油で煮込んだモツ煮でどうぞ。

e.g.6

O I L

リョコウバトオイル

肉も薫製、塩漬け、乾燥など様々な方法で食べられたリョコウバト。特にハト油はバターのような風味があり、１年経っても悪くならないといわれ重宝されました。

e.g.7

S L I C E

ヨウスコウカワイルカの刺身

半解凍したヨウスコウカワイルカの肉をそのままスライスしたお刺身です。柔らかい脂肪と独特な香りが楽しめます。生姜醤油と玉葱のスライスと共にお召し上がりください。

STEW

アランダスピスの煮付

アランダスピスの身体を覆う骨質の甲羅が、歯で噛み切れる柔らかさになるまでじっくり煮込みました。コリコリとした甲羅と味の染みた身をお楽しみください。

e.g.8

SAUTE

エピオルニスのソテー

巨大なエピオルニスのもも肉をシンプルにソテーにしました。良く引き締まった筋肉にうまみが凝縮されています。エピオルニスの卵で作った目玉焼きを添えて。

e.g.9

SUSHI

チチカカオレスティア寿司

チチカカ湖に生息していた美しい魚、チチカカオレスティアの黄金色の鱗が楽しめるお寿司です。２５センチ前後の魚ですが、頭部がとても大きいため身は貴重です。

e.g.10

絶滅生物
の
ファッション雑貨

EXTINCT ANIMAL FASHION AND GOODS

誰よりも美しいもので身を飾りたい、良いものを手に入れたい。
人間の欲望には、果てがありません。
例えほかの生命を奪ってまでも。

(文・チョーヒカル)

e.g.1

ACCESORY

マンモスの牙のブレスレット

マンモスの牙を削って磨いて作られたブレスレットです。マンモスの牙や骨は家の骨格としても使われていました。丈夫さと美しさをお楽しみください。

HAT

ゴクラクインコの羽帽子

ゴクラクインコの鮮やかな羽をかざりに使った帽子。華やかなガーデンパーティーなどにぴったりです。

e.g.2

WALLET

クアッガの財布

クアッガの縞模様が切り替わる部分の革を使用して作られた財布です。一匹からとれる部分が少ないのでとても貴重な一品となっています。

e.g.3

BAG

ティラノサウルス革の鞄

固くてゴツゴツで独特な風合いのあるティラノサウルスの革を、そのまま生かした鞄に仕上げました。一つ一つ色や質感が違います。

e.g.4

e.g.5

JACKET

ブルーバックの皮ジャケット

ブルーバックの美しい青い皮をなめしジャケットにしました。人工的ではない、自然な青色をお楽しみいただけます。

e.g.6

EARRINGS

バライロガモの羽のピアス

バライロガモの羽の中でも特に鮮やかなピンク色の羽を選抜し、そのまま加工しピアスにしました。風で揺れる美しいバラ色をお楽しみください。

e.g.7

SOAP

オオウミガラスの石鹸

オオウミガラスの油を使って作る石鹸。なめらかな使い心地。バターのような香りがして保湿効果もばっちりです。

HELMET

グリプトドンのヘルメット

小さな骨の板が集まってできたグリプトドンの甲羅をヘルメットに加工しました。昔は戦士の楯にも使われたほど、とても丈夫です。

e.g.8

KNIFE

シフゾウの角のペーパーナイフ

シフゾウの特徴的な角から直接削り出したペーパーナイフ。柄の部分は角をそのまま生かしているので、インテリアとしても美しいです。

e.g.9

DRESS

ティタノボアのワンピース

ティタノボアの美しい皮を使用したワンピースです。ティタノボアの巨体だからこそ、ワンピースを丸ごと蛇皮で生産することが可能となりました。

e.g.10

大きさ比べ

COMPARED TO SIZE

地上には、多くの生物たちが登場しては消えてゆきました。
本書で紹介した絶滅した動物のなかには、
現在の仲間とは比較にならないほど
大型化したものが存在します。
どんなに彼らが大きかったのかを、私たち人間と比べましょう。

1. 人類 [全長約1.5m]　2. カリコテリウム [全長約2m]　3. アースロプレウラ [全長2-3m]
4. エピオルニス [頭頂高 約3.4m]　5. コティロリンクス [全長3.6-3.8m]　6. マンモス [肩高2.7-3.5m]

7. メガテリウム ［全長 6-8m］　8. カメロケラス ［全長 10-11m］
9. ティラノサウルス ［全長 11-13m］　10. ティタノボア ［全長 11-13m］

絶滅をめぐる6つのキーワード

1.【 地質時代 …… ちしつじだい 】

46億年前に誕生した地球はゆっくりと冷えていき、約40億年前に最初の生命が海で誕生します。28億年前には光合成をする藻類が現われ、大量の酸素が供給されました。酸素をエネルギーとして利用する道が開かれたのです。14億年前には多細胞生物が生まれました。約5億5000万年前には「カンブリア爆発」と呼ばれる生物種の爆発的な増加が起こります。こうして今日の生物多様性につながる、進化と絶滅の歴史が本格的にはじまったのです。
地球の誕生から今日までのうち、歴史に記録の残っている数千年間（有史時代）をのぞいた期間を地質時代と呼びます。
地質時代の区分は、地層に残された主として動物化石の分析によって定められます。
大きな区分は「古生代」「中生代」「新生代」に使われている「代」。その下に「カンブリア紀」「白亜紀」のような「紀」。さらに「暁新世」「完新世」などの「世」が続きます。
現在は新生代第四紀完新世に当たります。

2.【 大陸移動 …… たいりくいどう 】

大陸はマントルの上に乗って、ゆっくりと移動を続けています。長い年月の間には、くっついたり、離れたりしています。それが生物の生存や分布に大きな影響をもたらします。
古生代の終わりの約2億5000万年前には、当時の陸地は、パンゲア大陸というひとつの巨大な大陸を形成していました。その重みに耐えかねてマントルの急上昇も起こりました。内陸部では砂漠化も進行しました。
中生代半ばの約1億5000万年前には、パンゲア大陸は、赤道をはさんで北半球のローラシア大陸と南半球のゴンドワナ大陸のふたつに分かれていました。ローラシア大陸ではその後、北アメリカが離れていき、インド亜大陸が衝突してヒマラヤ山脈が形成されます。ゴンドワナ大陸は、アフリカ、南アメリカと南極大陸に分かれます。そしてアフリカは、ローラシア大陸につながります。
南北アメリカが縦に並び、パナマ地峡で結ばれるのは、約300万年前です。

3.【大量絶滅 …… たいりょうぜつめつ】

生物の進化は、直線的に進んだわけでありません。生物の大半が死に絶えてしまう大量絶滅と、その後に起きる爆発的な進化とが、繰り返されてきました。地質時代の区分は、化石の変化によって定められるわけですから、それぞれの代や紀の終わりには、多かれ少なかれ大量絶滅が起こりました。そのなかでも、特に生物相の交代が著しい５つの大量絶滅を「5大絶滅」、あるいは「ビッグ・ファイブ」と呼びます。

1.「オルドビス紀末の大絶滅」…… 約4億4370万年前。三葉虫やカメロケラスなど生物種の85%が絶滅。比較的近い距離で起きた超新星爆発で、地球が大量のガンマ線を浴びたこと（ガンマ線バースト）が原因とする説が、近年唱えられています。

2.「デボン紀末の大絶滅」…… 約3億5920万年前。甲冑魚など生物種の82%が絶滅。寒冷化と海洋無酸素状態の発生が原因と考えられています。

3.「ペルム紀末の大絶滅」…… 約2億5100万年前。地球史上最大規模の大量絶滅。哺乳類の祖先である単弓類の大部分など、生物種の90%-95%が絶滅。超大陸パンゲアの形成がマントルの上昇流（スーパープルーム）を引き起こした、という説が有力。

4.「三畳紀末の大絶滅」…… 約1億9960万年前。アンモナイトや大型爬虫類など生物種の76%が絶滅。パンゲア大陸の分裂で起きた大規模な火山活動や、巨大隕石の衝突が原因とされています。

5.「白亜紀末の大絶滅」…… 約6550万年前。恐竜をはじめ生物種の70%が絶滅。小惑星の衝突が大規模な火山活動や気温低下をもたらしたという説が有力です。

4.【生態系 …… せいたいけい】

ある地域に棲む生物群集（動物、植物、微生物）は、周囲の土や水などの環境とともに、ひとつのまとまった食物連鎖と物質循環のシステムを形づくっています。このまとまりが生態系と呼ばれます。つまり、生物は単独で存在しているのではなく、お互いに密接なかかわりをもっているのです。生態系が安定して維持されるためには、生物多様性の保全が大切です。生態系の考え方は、野生生物は保護されなければならないという自覚を高めました。

5.【生物分類 …… せいぶつぶんるい】

生物を形態、機能などの違いにより区分することをいいます。分類階級は動物界、植物界などの「界」にはじまり、「門」「綱」「目」「科」「属」を経て、最終分類単位の「種」に至ります。例えばヒトという種は、動物界・脊索動物門・哺乳綱・霊長目・ヒト科・ヒト属・ヒト。メガネウラは動物界・節足動物門・昆虫綱・オオトンボ目・メガネウラ科・メガネウラ属・メガネウラとなります。同一種でも、地域間で異なる集団と認められる場合、これらを「亜種」といいます。

6.【系統樹 …… けいとうじゅ】

すべての生物は、約40億年前に誕生した1個の原生生物から分かれた、と考えられています。この共通の祖先から今日の多様な生物群に進化していく経路を、枝分かれした線で示したものが系統樹です。
今日では遺伝子研究の進展によって、従来の系統樹は大幅な見直しを迫られています。たとえば、哺乳類のクジラ目と偶蹄目はこれまで別々に分類されていましたが、ゲノム解析によって両者のゲノムがきわめて近接していることが判明し、現在ではクジラ偶蹄目という単一の分類群にまとめるのが一般的です。
また従来、哺乳類は爬虫類から進化したと考えられていましたが、今日では、哺乳類の祖先の単弓類と爬虫類の祖先は、両生類から同時並行的に進化したという説が有力です。鳥類とは生き残った恐竜にほかならず、両者は同一の分類群にまとめるべきだという説も、強く唱えられています。
ミトコンドリアや葉緑素など、バクテリアの細胞内共生による進化や、細菌による遺伝子の移動などをどう取り扱うかも難問です。現在は系統樹を描くのが困難な時代だと言われています。

右図は、脊椎動物の大まかな進化を示した系統樹です。

脊椎動物の進化系統樹

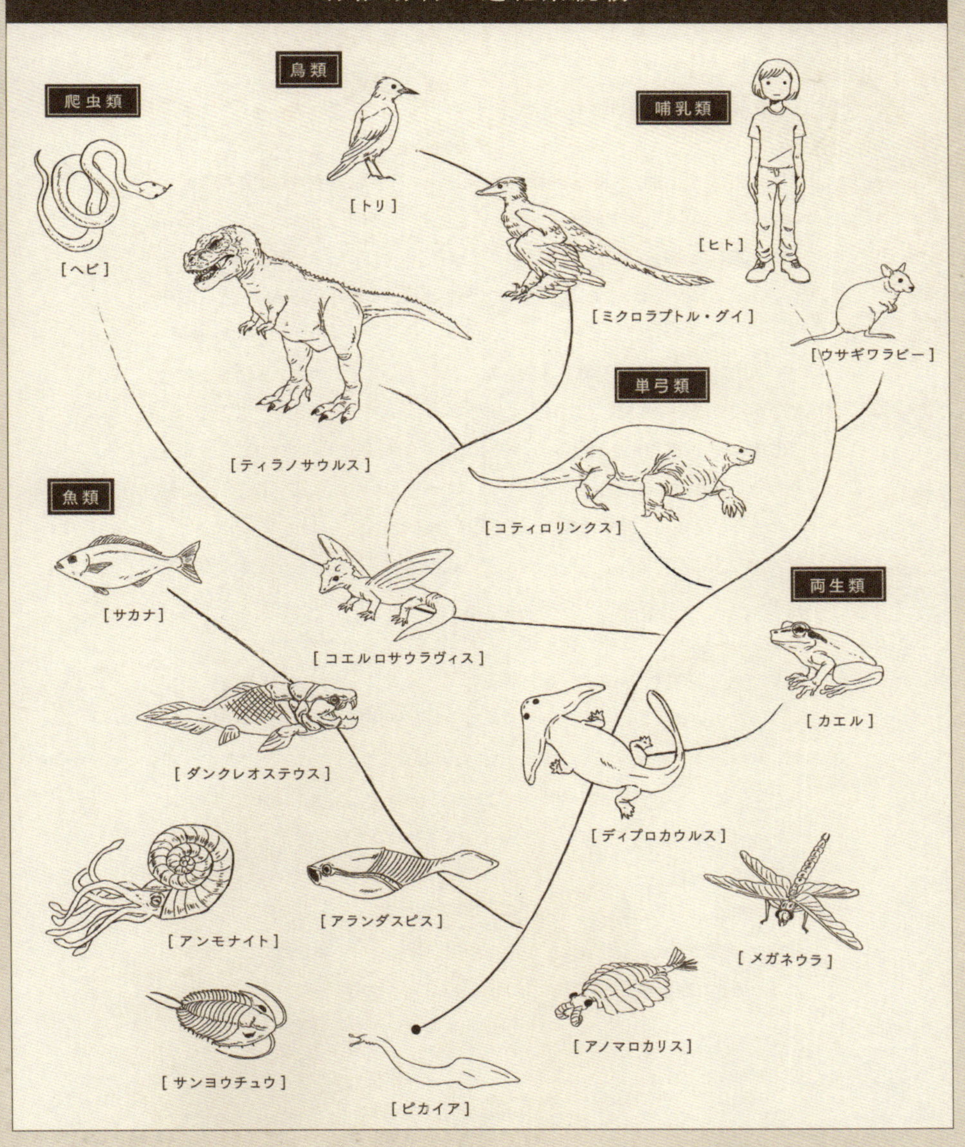

爬虫類
鳥類
哺乳類
[ヘビ]
[トリ]
[ヒト]
[ティラノサウルス]
[ミクロラプトル・グイ]
[ウサギワラビー]
単弓類
[コティロリンクス]
魚類
[サカナ]
両生類
[コエルロサウラヴィス]
[カエル]
[ダンクレオステウス]
[ディプロカウルス]
[アンモナイト]
[アランダスピス]
[メガネウラ]
[アノマロカリス]
[サンヨウチュウ]
[ピカイア]

おわりに *Epilogue*

「6番目の大絶滅の時代に」

私たちが暮らしている現代は、新生代第四紀の完新世です。約1万年前に氷河期が終わり、人類の文明が本格的に発展を遂げた時代です。そして私たちは、野生の動植物が急速に姿を消していく光景を目の当たりにしています。
科学者たちの間では、現在進行中のこの絶滅を、5つの大絶滅に続く「地球史上6番目の大絶滅」とする見方が広まっているそうです。「完新世の大絶滅」というわけです。この絶滅の原因となったのは、隕石の衝突でもマントルの急上昇でもなく、人類の存在そのものです。
ある意味では、進化と絶滅は表裏の関係にあります。過去の大絶滅は、生き残った生物群の爆発的な進化を促しました。また、より環境に適応した新しい種への進化によって、競争に敗れた元の種が絶滅してしまう場合もあります。
しかし、人類が引き起こしている現在の大絶滅は、新しい進化をもたらすわけではなく、ひたすら生物種の数を減少させているだけです。また、絶滅のスピードが過去とは比較にならないぐらい急速なことも特徴です。
南米で独自の進化を遂げた巨大哺乳類も、オーストラリアの大型有袋類も、人類の到来によってまたたく間に姿を消しました。大洋上の島々の飛べない鳥の楽園も、あっという間に失われました。食料として狩りたてるのは、まだ食物連鎖の枠内で、罪が軽い方かもしれません。現代の人類の活動は、生物の棲みかを根こそぎ奪い、汚染し、地球規模の気候変動すら引き起こそうとしています。
野生の動植物が死に絶え、家畜とペットと栽培植物だけの世界になったら、地球はどんなに寂しくなるでしょうか。絶滅動物たちの姿を通じて、生き物たちの豊かな歴史に思いを馳せていただけたら幸いです。

森乃 おと

参考文献

「絶滅野生動物の事典」
今泉忠明著（東京堂出版）

「絶滅動物調査ファイル」
今泉忠明監修／里中遊歩著（実業之日本社）

「地球　絶滅動物記」
今泉忠明著（竹書房）

「地上から消えた動物」
ロバート・シルヴァーバーグ著／佐藤高子訳（ハヤカワ文庫）

「絶滅哺乳類図鑑」
冨田幸光著（丸善）

「絶滅した奇妙な動物」
川崎悟司著（ブックマン社）

「すごい古代生物」
川崎悟司著（キノブックス）

「古代生物図巻」
岩見哲夫著（ベスト新書）

「理系に育てる基礎のキソ しんかのお話 365 日」
土屋健著（技術評論社）

「大むかしの生物 」
日本古生物学会監修（小学館の図鑑 NEO）

編集・執筆協力

M・O氏ほか古生物研究会のみなさま

絶滅生物図誌

2025年6月20日 第5刷発行

著　チョー ヒカル
文　森乃 おと

装丁　三崎 了
編集　森田 久美子
発行者　安在 美佐緒
発行所　雷鳥社
〒167-0043
東京都杉並区上荻2-4-12
TEL：03-5303-9766
FAX：03-5303-9567
info@raichosha.co.jp
http://www.raichosha.co.jp/
郵便振替 00110-9-97086

印刷・製本　株式会社 光邦

定価はカバーに表記してあります。

Printed in Japan
ISBN 978-4-8441-3709-2

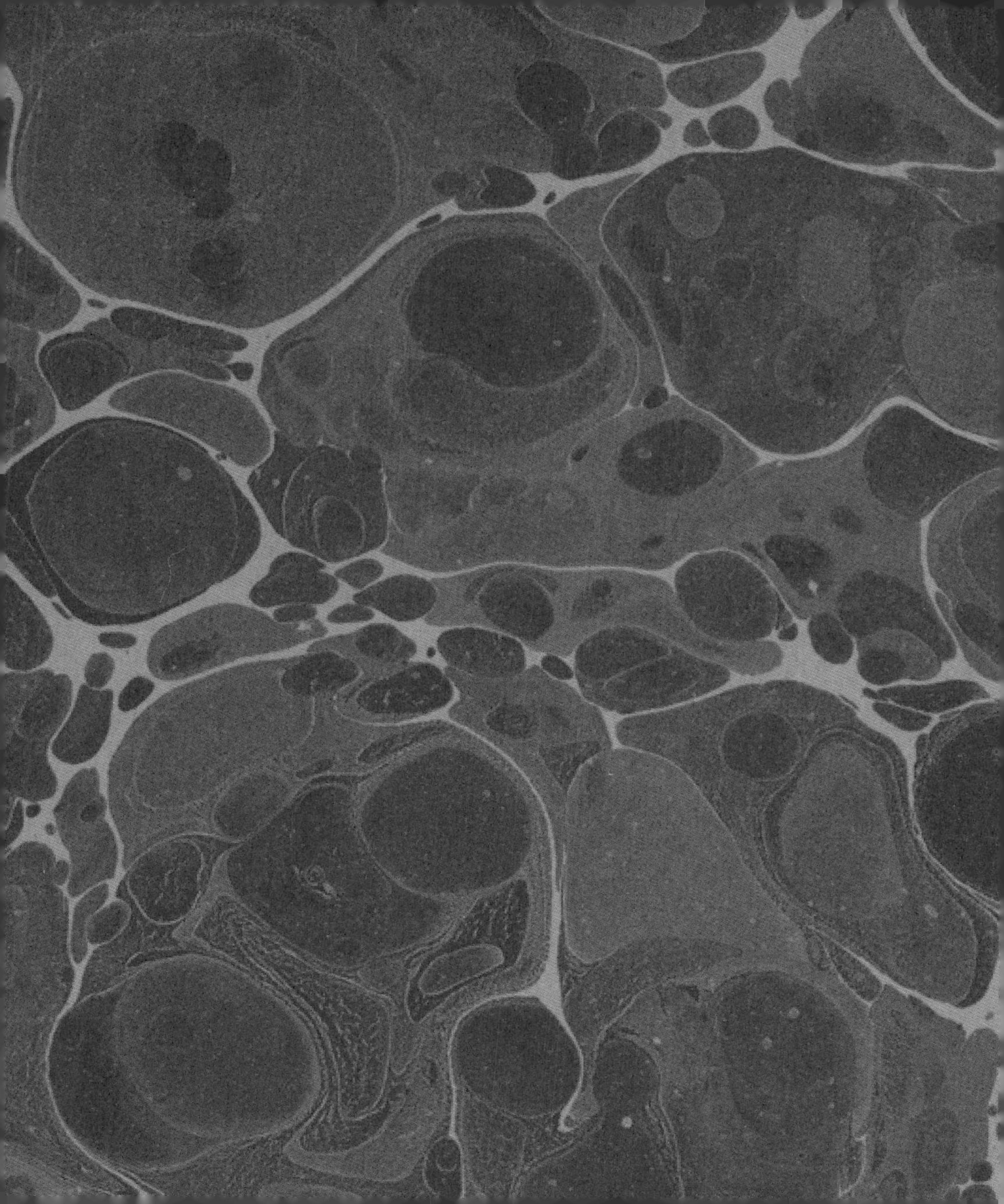

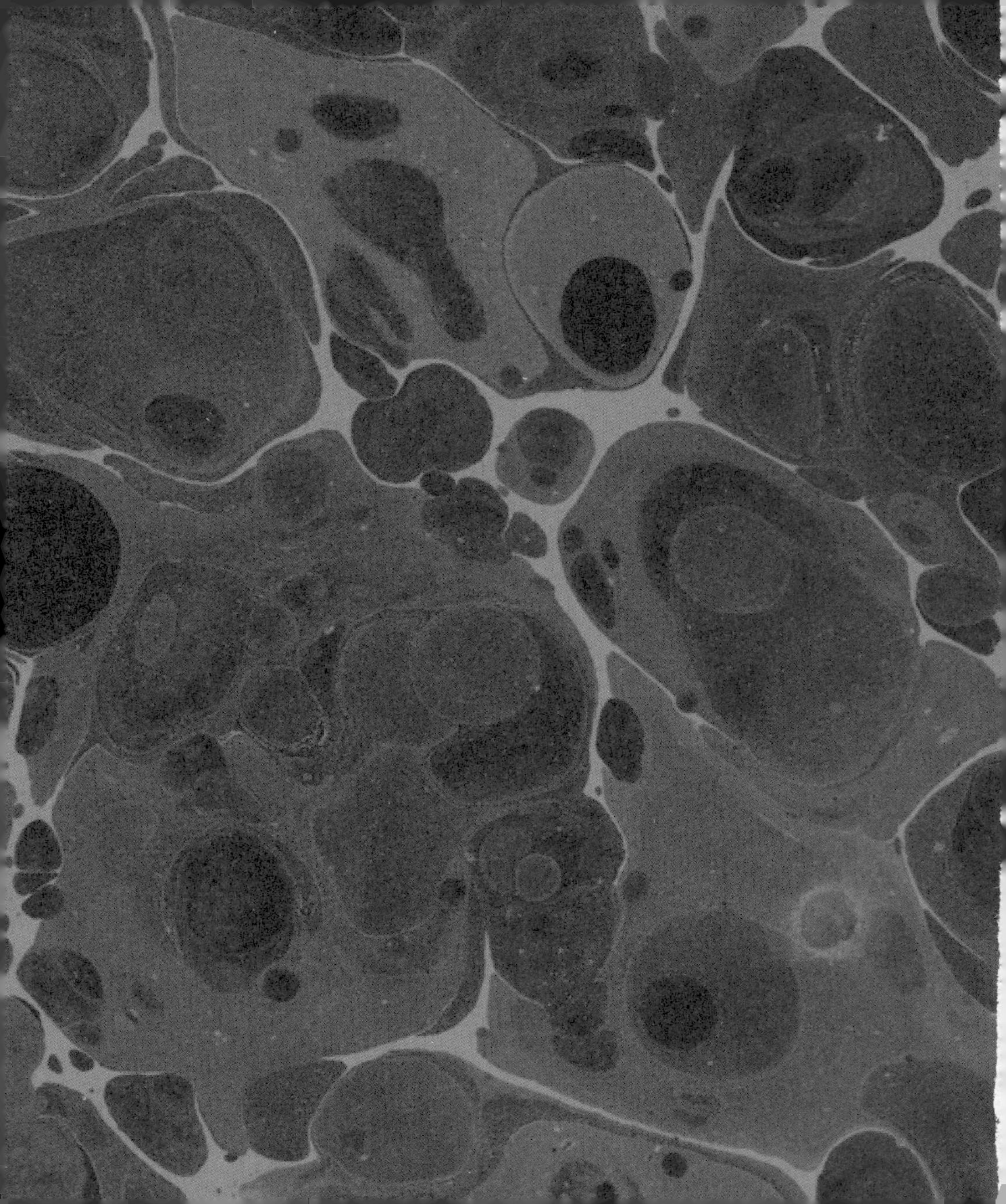